艺 术 学 经 典 译 丛

虚拟 × 现实

STORYTELLING FOR VIRTUAL REALITY

叙事

方法与原理

［美］约翰·布赫（John Bucher） 著

周雯 赵宇 译

METHODS

AND PRINCIPLES

FOR CRAFTING

北京师范大学出版集团
BEIJING NORMAL UNIVERSITY PUBLISHING GROUP
北京师范大学出版社

图书在版编目(CIP)数据

虚拟现实叙事:方法与原理 / (美)约翰·布赫著;周雯,赵宇译. —北京:北京师范大学出版社,2024. ISBN 978-7-303-30176-8

Ⅰ.TP391.98

中国国家版本馆 CIP 数据核字第 202407AF71 号

教材意见反馈　　gaozhifk@bnupg.com　010-58805079

XUNI XIANSHI XUSHI : FANGFA YU YUANLI
出版发行:北京师范大学出版社　www.bnupg.com
　　　　　北京市西城区新街口外大街 12-3 号
　　　　　邮政编码:100088
印　　刷:北京盛通印刷股份有限公司
经　　销:全国新华书店
开　　本:787 mm×1092 mm　1/16
印　　张:14.5
字　　数:270 千字
版　　次:2024 年 9 月第 1 版
印　　次:2024 年 9 月第 1 次印刷
定　　价:59.80 元

策划编辑:李　明　　　　　　　　责任编辑:陈　倩
美术编辑:焦　丽　李向昕　　　　装帧设计:焦　丽　李向昕
责任校对:齐文媛　　　　　　　　责任印制:马　洁

虚拟现实叙事

虚拟现实叙事是一座连接新媒体专业学生、新兴虚拟现实技术从业者与传统叙事艺术形式的桥梁。本书并没有单纯着眼于技术层面，而是将重点放在叙事层面，即如何在沉浸式虚拟空间中更好地构建、创作和讲述故事。

本书作者约翰·布赫（John Bucher）研究了叙事的永恒原则，以及如何在虚拟现实媒介中应用、转变甚至突破这些原则。本书精选了虚拟现实叙事的先驱者和创新者的访谈对话和案例研究，涉及卢卡斯影业、20 世纪福克斯电影公司、虚拟现实设备制造商 Oculus、虚拟现实游戏开发商 Insomniac Games、谷歌公司等行业领导者。

居住在加利福尼亚州洛杉矶的约翰·布赫是一位屡获殊荣的作家兼剧本顾问。他是 VirtualRealityPop、LA-Screenwriter、HBO 等网站和《电影制作杂志》（*MovieMaker Magazine*）的定期撰稿人，还是《由内而外的故事播客》（*The Inside Out Story Podcast*）和《西部世界观察播客》（*The Westworld Watch Podcast*）的联合主持人。目前，他在洛杉矶电影研究中心任教，讲授虚拟现实叙事和电影制作课程。约翰是一位很受欢迎的演讲者，其演讲足迹遍布五大洲，涉及故事、技术和艺术。现在，他正在攻读神话学和深度心理学博士学位，著有《电影宇宙大师：新媒体世界写作的密码》（*Master of the Cinematic Universe: The Secret Code to Writing in the New World of Media*）、《数字叙事》（*Storytelling by the Numbers*）和《由内而外的故事》（*The Inside Out Story*）。

致　谢

感谢劳特利奇（Routledge）出版社的编辑和员工埃米莉·麦克洛斯基（Emily McCloskey）、西蒙·雅各布斯（Simon Jacobs）和约翰·马科夫斯基（John Makowski），感谢他们的帮助、指导以及对这个项目的信任。感谢佛罗里达大学的杰克·施滕纳（Jack Stenner）、佩珀代因大学的迈克尔·史密斯（Michael Smith）和俄亥俄大学的埃里克·威廉姆斯（Eric R. Williams）对本书的编排、结构以及内容提供的深刻见解。

感谢洛杉矶电影研究中心以及其他校友和朋友——杰里米·卡斯珀（Jeremy Casper）、克里斯·克雷布斯巴赫（Chris Krebsbach）、丽贝卡·维尔斯特拉滕 – 麦克斯帕伦（Rebecca Ver Straten–McSparran）、保罗·约德（Paul Yoder）、内森·怀特（Nathan White）、亚历克斯·斯维克卡德（Alex Swickard）、克里斯·扬（Kris Young）和萨拉·达夫（Sarah Duff）。

感谢联盟（The Alliance）的朋友们，是彼得·布尔戈（Peter Burgo）、鲍勃和琼·桑福德（Bob and Joan Sanford）、迈尔斯·里斯（Miles Reese）、罗布·麦克莱兰（Rob McCleland），以及希瑟·阿门特（Heather Arment）给了我第一次讲故事的机会，也帮了我很大的忙。感谢约翰·斯顿博（John Stumbo）、乔丹·克里斯托弗（Jordan Christopher）、帕姆·福格尔（Pam Fogel）和德布·格雷戈里（Deb Gregory）。

感谢我的家人凯蒂（Katie）、约翰·K.布赫（John K. Bucher）、凯西·布赫（Cathie Bucher）、乔希·布赫（Josh Bucher）、马特·布

赫（Matt Bucher）、乔丹·布赫（Jordan Bucher）、亨利·布赫（Henry Bucher）、阿洛·布赫（Arlo Bucher）、托尼·雷耶斯（Tony Reyes）、卢安妮·雷耶斯（Luanne Reyes）、阿伦·雷耶斯（Aaron Reyes）、艾丽西亚·雷耶斯（Alicia Reyes）、凯莱布·雷耶斯（Caleb Reyes），也感谢金·沃克（Kim Walker）博士、戴夫·安德森（Dave Anderson）、吉姆和阿什莉·克鲁格（Jim and Ashley Krueger），以及我在帕西菲卡的所有朋友。

最后，还要特别感谢那些花时间参与这本书的人，包括卢卡斯影业的克里斯·米尔克（Chris Milk）、泰伊·谢里登（Tye Sheridan）、尼古拉·托多罗维奇（Nikola Todorovic）、克里斯·爱德华兹（Chris Edwards）、特德·希洛维茨（Ted Schilowitz）、安杰拉·哈达德（Angela Haddad）、罗布·布雷多（Rob Bredow），诺亚·纳尔逊（Noah Nelson）和《无舞台播客》，谷歌公司的安妮·莱塞（Annie Lesser）、凯特·莱恩（Keight Leighn）、马克·科德尔·霍姆斯（Mark Cordell Holmes）、拉里·罗森塔尔（Larry Rosenthal）、利兹·马尔克曼（Liz Markman）、乔纳森·克鲁塞尔（Jonathan Krusell）、布赖恩·罗斯（Brian Rose），Oculus公司的保罗·德贝夫（Paul Debevec）、杰茜卡·布里尔哈特（Jessica Brillhart）、杰茜卡·沙玛什（Jessica Shamash）、皮特·比林顿（Pete Billington），JK Imaging公司的保罗·梅哈弗（Paul Meyhoefer）和凯文·克鲁兹（Kevin Cruz），StoryUp公司的萨拉·希尔（Sarah Hill），SilVR Thread的希瑟·布伦纳斯（Heather Brenners）、马修·西里娅（Matthew Celia）、罗伯特·沃茨（Robert Watts）、史蒂夫·彼得斯（Steve Peters）、亚当·奥尔（Adam Orr）、布赖恩·奥尔盖耶（Brian Allgeier）、卡罗莱娜·克鲁兹 - 内拉（Carolina Cruz-Neira）博士、道格·利曼（Doug Liman）、梅莉萨·沃勒克（Melissa Wallack）、马特·汤普森（Matt Thompson）、萝宾·唐·格雷（Robyn Tong Gray）、泰·克罗斯比（Tai Crosby），以及Jaunt工作室的所有员工。

前 言

　　我是生活在主题公园世界里的孩子。我生长在佛罗里达州中部，那时候迪士尼乐园刚刚开业。我记得去过迪士尼的幽灵公馆。尽管当时无法清楚地表达那种感觉，但我意识到在给别人讲故事时，会让他们感觉穿越了空间，并进行了有意义的旅行。我很庆幸能够在后来的生活中找到一些方法，把我对空间叙事的热爱付诸实践。我天生就生活在这样的世界中，但本书并不是关于我的故事，而是讲述了近年来兴起的沉浸式媒介以及它将如何影响我们的未来。

　　回顾一下为讲述故事而创造的每一种媒介，我们会发现人们最终选择的是一些特定的元素。这些元素随后便成为媒介的主流定义。例如，小说、电影、电子游戏、戏剧和电视都是基于持续稳定的媒介元素的主流定义。随着媒介的不断发展以及我们对全新领域的探索，我们会偏离媒介的原始理念和方法。目前，虚拟现实的电影制作语言仍在发展之中，要想使之变得更好，只能通过实验并不断在空间中创造故事。

　　许多人将虚拟现实称为"新媒介"，或者一种讲述故事的新方式，我则持相反的观点。我认为虚拟现实从本质上来说并不是什么新的东西，而只是一种全新的体验方式，我称之为"空间导向型娱乐"——就像我小时候的那次鬼屋之旅一样。主题公园做这些已经很久了，戏剧界做得更久，还有很多东西我们要向这些领域，甚至其他更多的领域学习。

在平面媒体世界里，电影院可以是任何地方，包括飞机上或你的手中。但是，这样的环境无法转化出真正的空间感，而只有在具体的空间中进行叙事，我们才能前后行走、四处移动，并激活在空间中的感受。迄今为止，利用平面媒体来体验空间感的最佳尝试出现在游戏领域。游戏中的某些机制给人一种空间移动的感受，但我们的身体、思想和大脑知道自己只是在看一个平面屏幕。3D技术带给人一种视觉上的深度假象，但是纵深感并不能等同于空间感。虚拟现实媒介不仅为娱乐增加了深度，还增加了一种实际的空间体验。

作为一个关注大型电影工作室未来发展的人，我回顾过去，以期找到指引未来的方向。多年以来，我们一直盯着屏幕。它愚弄着我们的大脑和眼睛，让我们相信在屏幕上看到的都是真实的。如果我们开始佩戴屏幕呢？这样是不是可以解除显示器的边界限制？有创作者提出了新的观点："如果不再被矩形屏幕限制，那我还能做什么？如果真的可以把一个主题公园绑在脸上呢？"一旦突破了矩形屏幕的限制，技术就会为我们提供在360度全景空间内构建故事的机会。现在，曾经的界限已经不复存在，我们应该寻找一些独特的方法来实现这一目标。

我们还在前进的路上，但是更好的未来已近在眼前。技术专家、科学家和创作者开始破解难题，努力研究虚拟现实这种媒介的未来发展方向。或许在未来的某一天，我们在回顾虚拟现实发展的第一波浪潮时会不由发笑，就像回顾我们的第一台笔记本电脑和第一部手机时那样。迄今为止，我在虚拟现实领域见过的最棒的故事创作者都是不受既有工具的限制而不断开拓想象力的人。

叙事的本质永远保持不变。现在的重点是我们能为参与者创造出何种强度的体验。新的工具可以创造出更高层级的强度，而优秀的创作者将会找到方法去挖掘未曾见过的层级。我不认为虚拟现实叙事已经发展到了最佳阶段。虚拟现实叙事的光明未来属于新一代人。他们与我们不同，会以不同的方式拥抱这项技术，而我们更倾向于回归过去。新媒介的发展正处于风口浪尖上，它比以往的任何媒介都要强大。我迫不及待地想看到它的未来，以及创作者们的佳作。

特德·希洛维茨

未来主义者

20 世纪福克斯电影公司

加利福尼亚州好莱坞

2016 年

目　录

1 电影制作的"新现实"及其发展历程

一百多年来,观众的注意力一直集中在矩形屏幕内,而忽略了画面外的其他事物。但是最近,屏幕的边界被移除了,故事可以发生在我们目之所及的任何地方。就像在生活中,我们去的任何地方都能成为故事上演的屏幕。这种叙事方面的突破正在改变观众与动态图像的互动方式及其创作形式——而这仅仅是个开始。虚拟现实是数字媒体媒介化升级过程中的最新发展之一。根据杰伊·博尔特(Jay Bolter)和理查德·格鲁辛(Richard Grusin)的观点,这种再媒介化的过程已经成为媒介可持续发展不可分割的一部分,会不断地评判、复制并最终取代自己。[①]

沉浸式内容仍处于起步阶段,但在 Facebook 以 20 亿美元收购虚拟现实设备制造商 Oculus 之后,主流虚拟现实开始以全新的速度发展。美国在线(AOL)收购了虚拟现实内容制作公司 RYOT,为《赫芬顿邮报》(*The Huffington Post*)引入了沉浸式视频,这一举措对于将虚拟现实设备引入普通家庭意义重大。众人皆可支付得起的谷歌纸盒眼镜的发布[②] 以及人们对 Sony PlayStation VR、HTC Vive、Oculus Rift[③] 的需求,使得大多数科技制造商把 360 度视频作为未来发布的重要内容之一。此外,Vimeo、YouTube 和 Facebook 都已经

---

① Bolter, Jay David and Richard Grusin. *Remediation: Understanding New Media*. Cambridge: MIT Press, 2000. p.55. Print.

② 谷歌纸盒眼镜是谷歌公司推出的一款廉价的虚拟现实设备,用纸壳制作。用户可用它观看 YouTube 视频、虚拟谷歌街景视图等。——译者注

③ Sony PlayStation VR、HTC Vive、Oculus Rift 均为虚拟现实头戴式设备。

具备 360 度视频上传和显示功能。三星、GoPro①和诺基亚在市场上也都有重要的虚拟现实产品。人们迷恋这种现成的可用技术，但也一直存在一个问题——没有人真正了解如何用它来讲故事。

皮克斯动画工作室的联合创始人埃德·卡特穆尔（Ed Catmull）在接受《卫报》记者采访时曾分享过一个著名的观点，即虚拟现实技术可能不会像它的拥趸所宣称的那样为叙事带来革命性的变化。卡特穆尔认为："这并非叙事。四十年来，人们一直尝试用虚拟现实来叙事，但是至今都没有成功。原因是什么？我们知道，如果真正成功了，人们会蜂拥而至。线性叙事是一种进行精妙控制的叙事方式，其中灯光和声音都服务于一个非常明确的目的，而非只是随意游荡。"他同时指出，虚拟现实叙事的呈现方式和结构与电影叙事的手法相似，然而批评者却认为这一观点过时且缺乏对媒介发展潜力的理解。卡特穆尔坚持自己的立场，声称："虚拟现实技术很好，但这并不是在叙事。技术的变革和大众的期待，其实无法改变创作引人入胜的故事的潜在困难。就像书和电影不一样，当然它们也不需要一样。"

媒体未来主义者、Oculus 虚拟现实创始人帕尔默·勒基（Palmer Luckey）②力图证明卡特穆尔的观点是错误的，正如皮克斯动画工作室在其 1995 年的动画《玩具总动员》（*Toy Story*）中证明了这个行业的错误一样。勒基在 2016 年国际互联网大会上对虚拟现实电影的前景大为期许，说："虚拟现实的叙事与传统电影甚至电子游戏的叙事非常不同，它要发展到接近电影叙事那样精妙的程度还需要很长时间，需要几十年。"卢卡斯影业旗下的沉浸式娱乐工作室 ILMxLAB 的创意总监约翰·加埃塔（John Gaeta）认同勒基的观点："电影是一种叙事的艺术。直到最近，'第四堵墙'（the fourth wall）也有了叙事能力。我们很快就将突破'第四堵墙'，电影会成为一个通向全新沉浸式表达平台的门户。ILMxLAB 就是一个为这种拓展而生的平台，希望你们能走进我们的故事。"

卡特穆尔、勒基和加埃塔倾向于对虚拟现实进行哲学方面的探

---

① GoPro，极限运动相机，主要用于拍摄各种高速运动等。——译者注
② 帕尔默·勒基，Oculus 虚拟现实创始人，头戴式显示器 Oculus Rift 的发明家。——译者注

讨，而其他人正在进行大量的金融投资，希望找到利用虚拟现实进行叙事的新方法。Piper Jaffray 公司①的投资研究人员预测，到2030年，虚拟现实将成为一个热门的技术话题。这家公司在2015年表示："我们将今天的虚拟现实技术和增强现实技术的发展情况与15年前手机的发展情况作类比。因为需要对显示器和应用进行必要的改进，同时需要降低价格以推动需求，所以这项技术的应用推广可能需要10年时间。"

Piper Jaffray 公司的乐观基于的是消费者对新科技体验永无止境的需求。他们认为，在虚拟方面，新的沉浸式世界将会更加开放，涵盖游戏、体育直播、音乐会、电影和社交等领域。他们还预测，用户最终能通过虚拟的方式在球场50码线处的座位上观看 NFL 或 NBA 的现场比赛，在前排听最喜欢乐队的音乐会，观看使用虚拟现实技术进行优化的电影，或者拜访远方的朋友。此外，学生在教室里能够通过虚拟的方式（与真实的方式相比更加便宜）游览中国长城、埃及金字塔、英格兰巨石阵、意大利古罗马竞技场，以及工厂或实验室内部。他们在报告中总结称，到2025年，虚拟现实将成为价值620亿美元的产业。

尽管人们对虚拟现实媒介的叙事属性的认识存在分歧，但毫无疑问的是，虚拟现实技术将会继续发展，而且其吸引力会随着时间的推移越来越大。和其他新媒介一样，实验和创造性思维是推动虚拟现实技术产生更深层次的叙事的动力。随着电影制作人开拓进取，努力寻找新的方式来触及观众，新的可能性与新的观点将不断涌现。

虚拟现实的早期概念

虚拟现实可以并且应该以多种方式来定义。少部分人认为，全景绘画算是一种能让人感觉身临其境的早期手段，虽然它并没有完全填满观众的视域。大多数人认为，19世纪早期流行的立体观看器在创造三维体验方面向前迈出了一步，有点像我们今天看到的头戴式显示器（HMDs）。20世纪初，这样的设备被 View-Master 公司②大规模销售。自此，孩子们开始享受虚拟现实技术。

① Piper Jaffray 公司，一家全球领先的精品投行和资产管理公司。——译者注
② View-Master 公司，销售儿童专用的虚拟现实头盔的公司。

20世纪30年代，科幻小说作家斯坦利·温鲍姆（Stanley Weinbaum）[1] 在小说《皮格马利翁的眼镜》（*Pygmalion's Spectacles*）中预言了今天的虚拟现实技术。法国诗人兼剧作家安东·阿尔托（Anton Artaud）于1938年撰写的关于戏剧艺术的散文集《残酷戏剧：戏剧及其重影》（*Le Théâtre et son double*），讨论了如何将戏剧中的道具和人物理解为"虚拟现实"。

20世纪50年代，莫顿·海利希（Morton Heilig）[2] 开发了第一台虚拟现实设备Sensorama，旨在于观众观影时刺激其所有感官。20世纪60年代，工程师们制造了第一批头戴式显示器，并迅速添加了基本的运动跟踪装置。20世纪70年代，迈伦·克鲁格（Myron Krueger）[3] 创造了"人工现实"（artificial reality）这一术语，用其描述交互沉浸式环境。20世纪末，麻省理工学院开发了阿斯彭电影地图（the Aspen Movie Map），为用户提供了一种超媒体体验，使用户可以"漫步"在科罗拉多城镇的街道。

虚拟现实的起源

虚拟现实一直出现在科幻小说中，尤其是在达米安·布罗德里克（Damien Broderick）于1982年出版的《犹大曼陀罗》（*The Judas Mandala*）[4] 一书中。同年，阿塔利（Atari）[5] 成立了一个虚拟现实研究开发实验室，但它很快就在两年内关闭了。1987年，可视化编程实验室（VPL）的创始人贾伦·拉尼尔（Jaron Lanier）普及了"虚拟现实"这个术语，并且该实验室也开发出了能完全融入触觉技术的护目镜、手套和头戴式显示器。

20世纪90年代初，虚拟现实设备开始出现在流行文化中。电影《尖端大风暴》（*Brainstorm*）和《天才除草人》（*The Lawnmower*

---

[1] 斯坦利·温鲍姆，美国科幻小说作家，其代表作《火星历险记》（*A Martian Odyssey*）被科幻大师艾萨克·阿西莫夫（Isaac Asimov）评价为"改变后世科幻小说写作方式的三部作品之一"，也是公认的最早描写虚拟现实的科幻作家。——译者注

[2] 莫顿·海利希，美国摄影师。——译者注

[3] 迈伦·克鲁格，艺术家、程序员。——译者注

[4] 《犹大曼陀罗》讲述了失业的女诗人玛吉·罗奇（Maggie Roche）被一只电子老鼠监视，随后被抛到了四千年后的世界中的故事。——译者注

[5] 阿塔利，一个电脑游戏机厂商。

Man）向观众介绍了虚拟现实的概念；电子游戏厅也提供了虚拟现实体验，但其低延时属性使玩家感到恶心。20世纪90年代后期，世嘉和任天堂都宣布将虚拟现实技术应用于游戏系统，然而因问题缠身，这两家公司的研发计划很快又停止了。苹果公司于1994年推出了QuickTimeVR，这是一款可以广泛使用但未能真正流行起来的产品。到了20世纪的尾声，大受欢迎的《黑客帝国》（*The Matrix*）系列电影使虚拟现实的哲学思想被带到流行文化的前沿。

虚拟现实的现代发展

21世纪见证了计算机技术、图像技术和手持设备的飞速发展，所有这些都为虚拟现实目前的发展铺平了道路。2007年，亚历克斯·麦克道尔（Alex McDowell）[①] 出席了一次关于虚拟技术背景下故事媒体之发展的讨论，并提出了"沉浸式设计"的概念。21世纪初，凯撒、佳能等公司掌握了先进的头戴式显示器技术和虚拟现实技术，成为引领下一代新兴技术的先锋。在这一阶段，虚拟现实发展的重点仍然是技术，很少有人讨论如何用它讲故事。

2012年，Oculus Rift原型机诞生，故事讲述由此开始。爱普生Moverio智能眼镜和谷歌智能眼镜使增强现实对话成为可能，也影响了围绕虚拟现实的对话。2014年，谷歌的纸盒眼镜开启了有关虚拟现实的公众讨论，并为普通人提供了一种极其廉价的虚拟现实体验方式。三星、HTC和索尼都陆续发布了虚拟现实技术产品，这让虚拟现实体验变得更大众化也更便宜。然而，这一年最值得纪念的是Facebook以20亿美元收购了Oculus。此次收购被认为是虚拟现实进入主流市场的标志。

被操纵的媒介体验

从最早的技术迭代开始，理论家就开始思考虚拟现实兴起背后的心理因素。博尔特和格鲁辛讨论了"再媒介化"概念的兴起，强调虚拟现实融合了以往媒介的形式和元素。同时，他们认为，文化往往倾向于媒介体验感不太明显的媒体。网站作为一种超媒介性体验（hypermediacy），以照片、视频剪辑、超链接和其他元素

---

① 亚历克斯·麦克道尔，英国艺术指导，代表作有《少数派报告》（*Minority Report*）、《幸福终点站》（*The Terminal*）。——译者注

来引导用户的体验，让用户进一步意识到媒介之间的力量以及所参与的媒介体验背后的意义。博尔特和格鲁辛进一步指出，用户不会想要被操纵，而是更希望超越媒介本体，走向去媒介性体验（immediacy）。[①]

导致越来越高水平的沉浸感的技术进步往往试图消除媒介体验存在的痕迹，尽管有人可能会说，幕后实际上还有更高一层的媒介在发挥作用。在虚拟体验中，观众通常认为这是他们在虚拟空间之外拥有的直接体验，这表明虚拟体验几乎已经将媒介干预的痕迹降低到了与不戴头戴式显示器一样的水平。此外，博尔特和格鲁辛指出，在一种媒介体验中，意义本身并不是直接的。为了使体验更真实，观众必须忽略媒介的具象功能。这种情况通常发生在观众遇到来自虚拟空间之外的事物而不是抽象事物时。由于像电影这样的具象媒体倾向于依赖概念、参与者和虚拟空间之外的事物，而非艺术中可能出现的抽象事物，因此虚拟现实电影毫无疑问是电影技术、观念和沉浸式媒介的结合。这为观众创造出一种更强烈的去媒介性体验。

观念的改变

几十年来，电影制作人习惯于投身到电影学校和其他培训场所中去学习如何讲述视觉故事。然而，随着虚拟现实等新兴技术的发展，人们曾经熟悉的既有规则完全失效了。例如，自从电影诞生以来，我们通过将摄影机调整到我们想要的视角进行拍摄，强迫观众按照我们的视角来理解电影故事，这使我们使用边框为观众创造了理解虚拟世界的窗口。有了360度摄像头，视野被拓展到了从未有过的维度。从本质上讲，我们已经失去了边框和操纵观众视角的传统方式，但是灯光和镜头仍旧能引导观众的注意力，使其能够理解主人公及叙事目的。

---

① 博尔特和格鲁辛在书中反复强调了再媒介化的双重逻辑，即我们的文化既想要使其媒介增殖，又想要抹去所有媒介化的痕迹，呈现出对超媒介性和去媒介性的矛盾需求。可以说，超媒介性与去媒介性之间存在相互依赖的关系。超媒介性是显式的（explicit），即人们可以体验一种媒介形式，不仅可以了解所呈现的媒体，还可以了解媒体所在的空间与界面；去媒介性是隐式的（implicit），即人们可以完全沉浸在媒介之中，并忘记媒介（画布、胶卷、电影等）的存在。——译者注

两种哲学理论

圣丹斯电影节高级程序员兼首席策展人莎丽·弗瑞勒特（Shari Frilot）认为，要想在新时代讲好故事，唯一的办法就是营造一种艺术和社会环境，让观众在进入虚拟现实空间时"缴械"。她强调说："讲故事的方式并非只有一种，未来从事不同媒体的艺术家（也是这个领域的新创作者）会探索出多种方式。目前，这种新媒体叙事仍处于初级阶段。"

目前，虚拟现实领域主要有两种哲学叙事方法。第一种方法是"让观众在场景中观看"。观众沉浸于此，但不一定是积极的参与者。这种方法在刚开始时很吸引人，但当观众希望与周遭世界发生更密切的互动时，他们可能会感到沮丧。虚拟现实中的叙事并不是要告诉观众一个故事，更多地是让观众自己去发现一个故事。在某种意义上，第二种方法是"让观众成为摄影机"。以这种形式进行讲述的故事与电子游戏的界限起初较为模糊。然而，虚拟现实故事创作者发现，并非所有的游戏理论都如我们猜测的那样适用于这种形式。来自彭罗斯工作室（Penrose Studios，被称为"虚拟现实界的皮克斯"）的《艾露美》（*Allumette*）于2016年在翠贝卡电影节上首映，完全印证了"让观众成为摄影机"的方法。结果令人震惊，大多数体验过这部电影的人都为其倾倒，认为它将成为叙事领域游戏规则的改变者。

皮克斯前执行官汤姆·萨诺科奇（Tom Sanocki）正在使用这些理念创建自己的无限娱乐品牌。他之前的几任管理者也曾凭借同样的理念成为叙事领域的先锋。无限娱乐的第一部电影《海鸥加里》（*Gary the Gull*）灵动有趣，塑造了很棒的主角。萨诺科奇说过，叙事就是要弄清楚人们是如何解决问题的，现在我们则必须弄清楚如何在虚拟现实或增强现实中解决问题。萨诺科奇将这一过程比作早期的电影制作，当时实验是推动媒介向前发展的关键。

电影在初期的发展状况远不如虚拟现实。歌舞杂耍表演社团，甚至更加成熟的剧院社团，以及爱迪生等杰出的科学家都反对早期的电影叙事，他们更倾向于将其局限于科学领域。最终，摄影机和放映机的实验向大众展示出重大成果，驳倒了反对意见，创造了一种全新的用来交流、娱乐和叙事的视觉语言。技术和创意领域进行了几十年的创新，才让电影完全成为如今的叙事媒介。声音、色彩、逼真的特效，甚至编辑功能都是电影后来才逐渐具备的。

虽然沉浸式叙事的发展受益于传统的艺术形式（如电影），但这种新媒介的完整潜力可能仍需一定的时间来获得释放。新一代创作者将继续开辟这条道路。然而，在为这座高墙增砖添瓦之前，他们必须先打好基础。

聚焦导演：电影导演眼中的虚拟现实叙事

杰茜卡·布里尔哈特，谷歌虚拟现实首席电影制作人

杰茜卡·布里尔哈特（Jessica Brillhart）于 2009 年加入谷歌创意实验室。在 2015 年加入虚拟现实团队之前，她已经制作了众多获奖短片和纪录片。自从导演了《世界之旅》（*World Tour*，首部用 Jump 生态系统制作的虚拟现实电影）之后，布里尔哈特一直环游世界，拍摄电影和实验。所有这些都是为了更好地理解和传播虚拟现实技术。目前，她是谷歌虚拟现实首席电影制作人。

约翰·布赫：	我想从基于概率和经验的虚拟现实剪辑开始聊，这是一个很多人都不熟悉的概念。你之前也提到过这一点。我很想知道当创作者开始尝试"兜售"故事时，会对故事设计产生怎样的影响。你是如何看待这个问题的？
杰茜卡·布里尔哈特：	重点在于理解观众如何与他所处的世界产生交互。叙事更像是与空间中的某个人对话或者互动，而非我想要或我强迫一个人去体验什么东西。理解这一点就是第一步。它包含这样一个事实，即我们每个人都有能动性。即使是与人共舞，我们仍然可以自发地做一些事情。我们可以随意摆动，也可以跟随领舞者有规律地摆动。一旦你理解了观众的能动性和所处空间，即你把他带到一个（虚拟）世界中，允许他自由地去做自己想做的事情，那么之后该如何互动就是我们的工作了。但是反过来说，我怎样才能创造一个更好的互动世界？我认为这其实就在于如何在上述两件事之间建立一定的联系。
约翰·布赫：	你能借助你在传统电影制作中的经验谈一谈我们该如何通过传统电影中的人物角色、道具等来讲述虚拟现实电影故事吗？

杰茜卡·布里尔哈特：如何让人相信那个世界真实存在，包括角色和道具也是真的呢？角色是故事的载体，能让人更好地理解所发生的事件。当你看真人实物的虚拟现实时，你会发现有很多实实在在的东西，比如人和狗，或者现实世界中的各种元素。我们可以抓住这些东西，就像"我知道那个，我可以为它设置情境，因为我知道它是什么"。互动是不那么直接的事情，并非"嘿，你好吗？我很好。你叫什么名字？"之类的寒暄。它是一种细致入微的理解，涉及我们如何与他人相处、如何建立关系、如何与他人在空间中共存，以及与他人相处时是否被迫做事，或者当我们处于同样的情境中时是否不被迫做事。老实说，这涉及很多行为科学，它是有关存在的。

约翰·布赫：在最近的 TED 演讲中，你讲了一些东西，我觉得非常有趣。你讲了赋予观众身份的重要性，对此你能简单谈谈吗？如何实现这一目标呢？

杰茜卡·布里尔哈特：你需要弄清楚你想让观众成为什么样的人、他们扮演的是什么角色、他们是谁。我们都想在现实世界中得到认可，对吧？确实如此，因为你相信你所拥有的是有价值的，你希望你的存在有价值。但是别太较真，这也正是为什么我们在做现在的事。在虚拟空间中，你不会抛弃这些想法，你会想要同样的东西。问题就在于我能给来到这个世界中的人带来什么，他们在这个世界中扮演什么角色。当然，这不一定是重点，而你也不一定是主角，所有的情况都会随着时间的推移而改变。这里有一个非常简单的例子。你去参加一个晚宴，一开始，你可能不认识任何人，甚至觉得自己像个局外人，而最后，你可能认识了聚会上的每个人，你或可成为聚会的核心，成为众人的焦点，抑或是你变得离人群越来越远。我们总是在不断改变，正如我们的角色会随着时间的推移而产生变化一样。就具体身份而言，你必须决定自己是能够改变故事的主角，还是不能改变故事的配角；你是他们认可的人，还是他们不认可的人。因此，了解这个人的角色至关重要，实际上这是我们塑造角色世界的根本。

我觉得身份和其他一切一样，都是重要的叙事层级。虚拟现实是层层叠叠的叙事层。它不是我们所熟知的叙事方式，与我们的日常理解相距甚远。一旦你身处其中，它会突然变得有层次感和有质感。我认为这种身份会影响一切，这取决于体验者期待的"宇宙规则"是什么。如果不能四处走动，无法互动，那就会有局限性。身份还能让你更具体地了解角色是谁。当角色需要做些什么但实际上什么都做不了时，你不会想赋予角色一种身份。这种感觉很奇怪，你会突然感觉自己置身事外。这就像是"我不能按下那个按钮，但我的工作就是按下那个按钮"一样。除非这种体验是关于挫折的，否则就是不正确的。你可能会问："它有趣吗？是关于挫折的吗？是关于焦虑的吗？"如果不是，那体验就应该是非常有趣和积极的。你需要确保人物的身份设置是通往成功之路的，否则对于进入虚拟现实世界的人来说，这会是一段糟糕的经历。

约翰·布赫： 你谈到了多元宇宙方法在构建虚拟现实体验方面的潜力。你认为虚拟现实中有传统故事构建方法的一隅之地吗？不一定是三幕式结构，任意一种传统结构都可以。你认为传统叙事中有哪些是可以应用到虚拟现实中的？

杰茜卡·布里尔哈特： 我认为必须分析传统的三幕式结构。我知道这很难描述。对我来说，最简单的描述方式是允许一个讲故事的人存在。通常，我们所做的是先去体验。如果体验是成功的，我们就结束体验。有人问："嘿，你做了什么？发生了什么事？"我会回想那种体验，思考后回答："哦，发生了这件事。"我创造的东西就是沟通的工具，而我将信息传递给别人的方式就是讲故事。这是一种体验的结果，并非我正在经历某种体验。

在虚拟现实中，我们正在做的是为人们创造体验，使其置身其中。体验会影响他们。体验结束后，当有人问他们"发生了什么"时，他们会讲述某个故事，因为它很不一样，它更像是一个关于可能性的故事，而不是动态的故事。

动态的故事就是正在发生的、积极的、我所说的那种故事，是传统意义上的故事和基本的表达。我们通过某种媒介，如小说、歌曲、戏剧或电影等来回顾体验和传达信息。

我们实际上正在做的是用虚拟现实创编潜在的故事。展望未来，我们会说："好吧，这些都是有可能发生的故事。"或许这就是我想讲的故事。我必须通过身份和规则来更好地理解故事的潜力，然后再回到我写的第一个故事，说："好吧，人们能体验那个原汁原味的故事的可能性非常小，除非我真的强迫他们在整个过程中都朝一个方向看。"在这种情况下，我不如放弃研究虚拟现实，转而直接制作一部电影。

我想到很久之前的一则寓言，即龟兔赛跑。这则故事的最终结果是乌龟赢了兔子，其核心是缓慢但坚忍、稳重的人最终会赢得比赛。不管你更支持哪一方（更在乎兔子还是乌龟），但是很明显，这就是结论。这个过程中其实还存在一个潜在的体验梯度。我们需要想一想要如何拆解自己所讲述的故事。是爱吗？是和平吗？是人类吗？是和另一个人建立联系吗？是生与死吗？你需要真正地思考故事的精神，以及如何创造一个（虚拟）世界来传达这种精神。

最终，你所做的是让体验者靠近靶心，哪怕有点偏离也没关系，只要在大体的区域，只要你从真正想要传达的观点和准则出发，那么我猜这就会是成功的作品。原因在于你让故事有了体验梯度。

约翰·布赫： 你曾谈到眼神接触的重要性，说感觉眼神接触像是特写镜头，而特写镜头无疑是电影语言的传统元素。你是否在自己的作品中找到了运用传统电影语言的方式，就像是特写镜头，或者是我们在传统影院所体验到的能够被重新诠释的东西？

杰茜卡·布里尔哈特：能量是很重要的，对我来说可能是最重要的东西。我曾经是一名剪辑师，在虚拟现实领域我仍然在做剪辑。即使是这样的媒介，也仍然需要剪辑。剪辑是为了带来能量。沃尔特·默奇（Walter Murch）①做到了这一点。他知道人们会看到屏幕的不同部分，并对此进行了说明。剪辑是为了聚焦，你需要建立系统，将感觉、氛围和能量传递给不属于那个世界的人（观众）。有趣的是，能量在虚拟现实中非常明显。你可以让一个人身处一个空间，然后快速剪切和改变方向，但这并不像在传统电影中那么有效，甚至会让人感到非常不舒服。这就又回到了那个拆解故事的理念上。在虚拟现实中，能量意味着不同的东西，能量是连接人与人的方式，能量是空间的混沌。这些东西辨别起来容易吗？你知道应该注意什么吗？你能接受吗？你要试着集中注意力吗？那是什么样子的？因此，能量是非常重要的。其中很多只是行为上的问题，比如要创造一个英雄，克林特·伊斯特伍德（Clint Eastwood）②就出现了。他骑着马，额头上冒着汗。你知道，"那是我们的人！他就是要做这件事的人"。在虚拟现实中，你会发现真的需要找到一种与某人联系的方式，因为你就在那个人面前。但是这种联系的建立需要一定的时间，需要我们研究如何与周围人相处，需要理解距离如何改变你我的关系。欧洲人和美国人对待初次见面的人与对待长期相识的人的方式通常与中国人不同，这源于文化的差异。

就英雄而言，有趣的是共享体验，比如发生重大事件或核心事件时，你就在英雄身旁见证事件的发生，还与英雄缔结了友情，创造了共享体验，你会由此产生同理心。此外，我们还提供了发现其他元素的机会，比如拥有记忆、拥有瞬间、拥有英雄。也许你看不到的第一个元素就是英雄。英雄出现了，你发现了他，突然之间，他好像是自己的了，成了自己的一部分。因此，我们可以通过共享体验的方式去与潜在的主要角色建立更紧密的联系。

另一件事是感知，我认为这非常重要。你如何感知世界、

---

① 沃尔特·默奇，美国剪辑师、编剧、导演，代表作有《现代启示录》（*Apocalypse Now*）、《冷山》（*Cold Mountain*）、《英国病人》（*English Patient*）。——译者注
② 克林特·伊斯特伍德，美国电影导演、演员，以牛仔形象为人们所知。——译者注

我们如何感知世界、其他角色如何感知世界，这些层次的集合能帮助我们更好地理解故事和角色定位。想象一个女人在晚上看城市街道的方式，再将女人换成男人来对比，这种感知上的变化是巨大的。想想《风月俏佳人》(*Pretty Woman*)这部电影，你会看到女性角色眼中的世界是什么样子的。再看看男主角，他眼中的世界是什么样子的？这种视角是不同的，因为他们来自不同的世界。

随着时间的推移，你会发现他们的世界观开始变得非常相似，这说明他们坠入爱河了。这其实是在探索角色之间的差异，但更多的是在精神层面进行的更深入的思考，而不仅仅只是观测表面的差异。有时候只看表面也很好，但是在现实世界中，只看表面的差异是不够的。

杰茜卡·布里尔哈特提出的概念

1. 与虚拟现实中的观众互动更像是与他们对话或共舞，而非强加给他们某种体验。

2. 人物是故事的容器。

3. 创建存在感是微妙的事情，可能很难实现。

4. 必须确定观众在虚拟世界中扮演的角色，然后以某种方式传达给他们。

5. 传统的三幕式结构在虚拟现实叙事中很有用，但必须通过动态镜头来解读。

6. 创作者应为观众可能拥有的各种潜在体验留出空间，这是故事的梯度。

7. 能量，或者说观众体验和感知的情感旅程，即观众如何体验世界，应该在虚拟现实叙事中驱动技术决策。

总结观点

杰茜卡·布里尔哈特介绍了一些概念和想法，这些概念和想法将是理解和开发虚拟现实叙事新方法的关键。参与度、存在感和能量等概念将随着我们对沉浸式叙事的深入探索而不断得到强化，与故事相关的概念（如角色和三幕式结构）也将陆续出现。正如布里尔哈特在电影制作的"新现实"及发展历程的章节中所强调的，观众的体验永远是最重要的。如果观众不参与，我们的方法就无法持续创新。任何涉及叙事或技术的创新决策都必须以此为目的。

推动视角转移的新方法

"perspective"一词源于拉丁语，由单词 *per*（通过）和 *specere*（看）组成。电影制作中的视角规则源于几个世纪以来绘画艺术的发展。因为考虑到了与其他事物之间的某些比例关系，所以人类形态才显得如此真实。同时，我们也需要考虑到主体与观众的距离所造成的比例差异。使用视角的目的是创造一种纵深感，这在电影叙事的物理意义和隐喻意义上都是正确的。我们通过把可视图像并置在一起，来创造更大的意义，即一个故事。我们正在通过艺术创造现实的延伸。

电影的形式——无论是人物、物体还是地点——包含三个基本特征，即大小、空间、距离，它们都向着不同的方向延伸。当人们开始考虑 360 度虚拟空间，以及角色和故事如何发挥作用时，牢记这些来自古典艺术的理念将大有裨益。我们有时把观众和形式之间的关系称为纵深视角。在学习如何通过摄影机镜头建立视角时，理解透视法在早期艺术学科中的作用是一个良好的开端。虽然摄影机能够忠实地再现图像，但我们也能够根据镜头在空间和时间上的移动来操纵图像和视角。

长期以来，我们主要通过控制镜头的景深、焦距、亮度和对比度来改变观众的观看视角，包括如何理解重要角色、电影主题以及重要时刻。然而，这些工具在虚拟现实电影制作中并不那么好用。角度的转换使得某些角色在画面中显得更重要，并兼具主导性。角色有时被置于观众视线下方或"鼻子下方"，从而让观众感到自己在俯视。

不管我们采用什么方法，转移视角都是为了向观众传达一个可拍摄的主题，这是通过电影讲述故事的基本准则和必然条件。通过视角的确立，我们在故事世界中为观众创造"眼睛"。虚拟现实世界的故事通常很简单，因为公众的虚拟现实知识才刚刚起步。随着观众经验的增多，叙事的复杂性也很可能会增加。

边框和游戏扩展

几十年来，保持三分法、创造头部空间、建立 180 度线一直是电影叙事的标准。使用这些技巧是为了让观众更具沉浸感。当电影制作过程对观众可见时，观众很快就会从叙事中脱离，并且意识到自己只是在观察技术，从而减少对角色和主题的投入度。

从很多方面来看，边框都是电影制作者值得依赖的便捷工具。他们知道，边框可以隐藏正在讲述故事的"幕后世界"。当摄影机以一种故事驱动的方式移动时，观众的眼睛和注意力也随之移动。边框以外的世界是不可见的，因此在观众脑海中它并不重要。

比起伟大的电影艺术，电子游戏的早期尝试更类似于绘画（平面绘画）的二维图形结构，偏向静态的表达。然而随着游戏的不断发展，电影制作人根据经验制定的技术规则越发增多。最终，游戏带给玩家真实的第一人称挑战，玩家的存在感和沉浸感随着交互性的提升而增加。这种控制虚拟世界内部空间的能力先前从未被人们体验过。事实证明，这种技术在虚拟现实的发展中非常重要，因为许多早期的沉浸式体验复制了电子游戏的风格和语言。虚拟现实游戏仍然是这项技术最受欢迎和最有效的用途之一，它为讲故事提供了画布。在目前的技术发展过程中，它的先进性远远超过了摄影机所能实现的。

随着视觉效果在游戏世界中的扩展，伴奏音频的质量和技术也不断提高。为了更好地沉浸在虚拟世界中，资深游戏玩家甚至会购买环绕立体声的音频系统或高质量耳机。双声道音频等领域的进步，让用户置身于更深度的体验中，而所有革新都将有助于建立最佳的虚拟现实体验规范和指南。

终极共情工具

在 2015 年的一次 TED 演讲中，电影制作人克里斯·米尔克（Chris Milk）[①] 将虚拟现实誉为"终极共情工具"（the ultimate empathy machine）。科学家们开始研究虚拟现实以及它与情绪，甚至抑郁之间的关系。他们认为米尔克可能是正确的。米尔克在演讲中说："每次创建新东西时，我的很多问题都会得到解答，尽管同时出现了更多新问题。我们似乎每一次都在进步。虚拟现实是一种不断发展的媒体，也是一个不断发展的过程。从长远来看，我

---

① 克里斯·米尔克，摄影师、导演、虚拟现实艺术家。——译者注

们确实需要创建一个内容库。这并不意味着拥有 500 部《公民凯恩》（Citizen Kane），因为不是每个人都想看《公民凯恩》，即使爱看这部作品的人也不想一直看下去。观众可能想看《惊声尖叫》（Scream）之类的。有时，人们会想看高雅艺术以外的东西。"

米尔克指出，人类意识的一种潜在改变状态即将出现。他说："现在我们仍处于黑夜中，正拿着手电筒四处摸索，试图找到通往出口的路。"正如他所建议的那样，虚拟现实叙事和电影制作只有在创作者继续实验和分享经验时才会取得进展。与其他新媒体一样，我们对虚拟现实的优势和劣势必须有全面的理解，二者缺一不可。

伊莱亚·彼得里迪斯（Elia Petridis）[①] 是制作虚拟现实电影的先驱，创办了实验性电影制作公司 Filmatics。他相信自己在围绕虚拟现实叙事的技术暗夜中看到了一线光明。他说："虚拟现实有这样一种元素，类似于'我不想站在宇宙飞船上，我想站在"千年隼号"[②]上，因为它对我有意义'。这是一种情感联系，就像曾经挂在墙上静止不动的东西突然出现在你面前。作为一个故事创作者，我发现这一点非常重要。"其他创作者也发现，在虚拟现实世界中，建立意义可以让观众产生情感联系。如果这项技术真的要扮演"终极共情工具"的角色，那么建立这种联系将是至关重要的。

聚焦摄影机：镜头中的虚拟现实叙事

保罗·梅哈弗，JK 成像 / 柯达公司副总裁

保罗·梅哈弗（Paul Meyhoefer）是 JK 成像 / 柯达公司副总裁。柯达 SP360 4K 相机被用于创造虚拟现实体验。

---

① 伊莱亚·彼得里迪斯，编剧、导演、制片人，主要作品有《共度余生》（*The Man Who Shook the Hand of Vicente Fernandez*）。他创办了 Filmatics 跨媒体内容制作工作室，专注于生产用各种媒介发布的作品，曾拍摄过一系列虚拟现实短片。——译者注

② "千年隼号"，《星球大战》（*Star Wars*）系列作品中的一艘宇宙飞船。它的主驾驶员是汉·索罗，副驾驶员是楚巴卡。在电影中，"千年隼号"是一艘经过汉·索罗大幅改装的 YT-1300 型货船，它能够很好地服务于汉的私人事务。"千年隼号"是星战电影及星战其他形式文艺作品中出场次数最多的飞船之一。——译者注

约翰·布赫： 请跟我们说说你们的情况，以及你们是如何融入虚拟现实世界的。

保罗·梅哈弗： 我们是 JK 成像公司，是在柯达申请数码相机业务破产保护后成立的公司，目的是为柯达品牌创建一个许可证。我们与数码相机 ODM 制造商（原始设计制造商）有合作关系。我们的想法是继承柯达的品牌，创造数码傻瓜相机，从 59 美元的相机到 350 美元的相机应有尽有。公司成立后与柯达达成了协议。我们现在是柯达全球数码相机的唯一执照持有者。这就是 JK 成像公司。

在过去几年中，数码相机业务的下降速度比我们预期的要快得多。我们之前知道它在下降，但总认为在初始阶段会有很多零售客户，还是能够维持下去的。早些时候，我们对视频领域非常感兴趣，从 GoPro 诞生的第一天起就在关注它在做什么。实际上，我们的专业领域是光学镜头。除了对焦和拍摄，我们能做些什么来创造新一代视频呢？事情显而易见，那就是更大的宽高比、4K 分辨率、更高的帧率等。相比之下，我们对广角镜头更感兴趣，我们想真正突破极限。我们原创了第一台原版 SP360 摄像机。在这之前我们有一台 SP1 摄像机，它有一个 240 度的镜头，但只是一台带有超广角镜头的 16×9 高清摄像机。

通过这项技术我们意识到，如果制造一个球面透镜，我们就可以超越 180 度，创建环形图像，于是就开发了这款 SP360。起初，没有软件，所有的图像都是圆形的。后来我们就开始用自己的软件。现在，它已经演变成了缝合软件。我们开发了一款发展 SP360 的软件，因为我们知道必须创建一种格式，将视频解压成可供使用的样式。开发工作延续了 6 个月左右，才有了一些成形的东西。

我们做了分屏，比如左右图像，就像监控摄像里的那样。最受欢迎的是前后分屏，前后各 180 度。你会发现人们无法理解所看到的影像，因为影像不仅捕捉到了他们身前的东西，还呈现了他们身后的东西。又或者说，如果你在视频中，那要如何摆脱那些专门为叙事或其他东西所创建的镜头场景呢？

我们还与 YouTube 共同开发了一种允许用户与 360 度视频交互的格式，这就是我们的出路，接着我们立即投身开发下一代 4K 相机。我们关注客户的需求，关注他们用 SP360 摄像机中的黄色

SP1 做什么。他们把它们加入头盔中，他们把三个放在一起，他们用它们做护目镜。到目前为止，这都是非常成功的。我们应用了它的某些特性。Facebook 参与了 360 度视频研究，我们很支持也很喜欢他们的加入。正是因为有了 Facebook，我们的技术才能既支持视频又兼容照片。现在我们两者都在做。

约翰·布赫：　对于电影制作人和故事创作者来说，你可以从一个方向拍摄，所有的设备都在你身后，然后你可以转身，拍摄另一个方向，进而用你的装备把它们缝合在一起。你认为在未来某个阶段，除了固定镜头，我们还有可能使用传统的摄影方法吗？

保罗·梅哈弗：我认为内容创作者和摄影师都想要创造一种更具沉浸感的虚拟体验。要想做到这一点，你就需要分割镜头。那样的话，你就可以把它放在头盔内。你有正反两面，身体在镜头中，头部实际上就是镜头。你会切实地感觉到自己是一个四处走动或玩游戏的人。然后，通过增强现实，你可以将这种体验转移到想象力能触达的任何地方。

这对很多开发者来说是非常重要的工具。同样，以无人机为例，我们不希望无人机出现在镜头中。我们想给你一种超人的感觉，让你感觉在飞翔。你会希望尽可能地流畅，这样情绪就会介入，你会认为"我就在那里"。但是实际上，你正跷着脚坐在办公室里。我们认为这对创作而言十分重要。目前，很多的立体影像应用都在发展。在未来，将多个镜头集成一个视角会成为关键点。

如果把它融合到光学镜头中，实际上很难制作出没有摄影机遮挡的镜头。这些全是光学的把戏。我希望硬件制造商能够开发出更加实际的传感器，并能够以球面透镜创建图像，因为目前很多人正在使用的技术并不是光学技术，而是平面数码相机使用的标准光电传感器、标准微处理器等技术。球形或 360 度视频还没有被很好地优化。我希望他们能看到市场的发展前景，并朝着这个方向进行投资。这样开发团队和其他人就可以着手创造这样的新产品了。说实话，我想它最终可能会出现在手机里，但可能还需要几年时间。这没有理由不会发生，就像我们已经在手机里看到了其他一些技术一样。

保罗·梅哈弗提出的概念

1. 一些虚拟现实体验是通过一个或多个球面透镜拍摄的，这些球面透镜可以生成 360 度图像。

2. 需要专门的软件来解析和操控球面图像。

3. 360 度视频与虚拟现实不同，尽管它可以用来创造虚拟现实体验。

4. 使用 360 度摄像机和虚拟现实摄像机存在技术挑战，如避免灯光和音响设备进入镜头。

总结观点

保罗·梅哈弗提到创作者希望创造出更具沉浸感的虚拟体验，这一观点在整篇文章中以多种方式展开。虽然技术为虚拟现实中的观众提供了沉浸感，但技术的主要关注点和挑战之一，就是不能打破它所提供的沉浸感。我们有必要回忆一下杰茜卡·布里尔哈特之前的采访，即保障用户的情感体验必须是创作者的最高目标。破坏沉浸感会破坏情感旅程，从而无法达到创造这种体验的目的。技术必须仍然是我们讲述故事的工具，而非故事本身的焦点。

回首过往以触达未来

虚拟现实和它的"近亲"增强现实以及混合现实，还没有被用于也将不仅仅被用于讲故事。然而，叙事潜力将是这些媒介获得更大成功的重要因素。即使爱迪生和剧院社团等当时成功地阻止了电影的发展，摄影机及其相关配套技术也会持续进步。但如果当时没找到自己的叙事方法，那么电影和后来的视频可能不会成为今天的主流传播媒体。即使这些视觉工具被用于叙事领域之外，故事创作者所创造的技术和方法也仍然适用。无论视觉交流领域存在何种技术，沉浸式技术和叙事方法都将是实现这些技术的关键。

随着技术的进步，从作家赫胥黎[1]到Postman软件[2]，都在暗示我

---

[1] 阿道斯·伦纳德·赫胥黎（Aldous Leonard Huxley），英国小说家、散文作家，代表作有《美丽新世界》（*Brave New World*）。——译者注

[2] Postman，是一个接口测试工具。在做接口测试的时候，Postman 相当于一个客户端。它可以模拟用户发起的各类 HTTP 请求，并将请求数据发送至服务端，以获取响应结果。——译者注

们的神话已然消失。笔者认为，虚拟现实技术有潜力提供一个平台来重现神话。早期神话围绕着宗教仪式。这些仪式影响深远，因为它们不仅为参与者提供了类似于现实生活中的神秘事件的体验，而且似乎提供了一些超越人们所依赖的口头语言的联系。这些仪式和神话的影响是深入人心的。在 YouTube 上观看第一次体验虚拟现实的人是一件很有趣的事情。他们的反应可以用一个词来描述——全情投入。他们戴着头盔，挥舞双手，去拾取那些根本不存在的东西。这些行为对于古人来说肯定是一种仪式，甚至是宗教活动。

在现代，得墨忒耳（Demeter）和珀耳塞福涅（Persephone）并不像在古希腊时期那样为人们所熟悉。在神话中，有一天，珀耳塞福涅在外出采花时被冥府之神哈得斯（Hades）抓住。她的母亲得墨忒耳崩溃了。珀耳塞福涅在冥界拒绝进食，因为她听说如果在冥界进食，就永远不能离开。最后，当她得到一些石榴籽时，她屈服了。得墨忒耳说服宙斯（Zeus）派赫尔墨斯（Hermes）去与哈得斯谈判，让她的女儿回来。谈判结果是珀耳塞福涅嫁给哈得斯，每年在冥界待上一季。在剩下的时间里，她可以像以前那样自由地生活在地面上。得墨忒耳每年都在女儿置身冥界时哀悼。作为收获女神，她用神力阻止了庄稼生长，所有的植物都死了。而当女儿回家时，她会让花儿重新发芽，让植物恢复生机。当然，也有另外几个版本的神话，如珀耳塞福涅渐渐爱上了在冥界的时光，最终她更喜欢在黑暗中而不是在光明中生活，在冥界的经历给了她在其他任何地方都无法重现的力量。

通过虚拟现实头盔进入虚拟空间与去往冥界没什么不同。虚拟世界中拥有超越自然景观和实现梦想的可能性，当然危险也是同样真实的。就像珀耳塞福涅一样，有些人也许更喜欢新世界而不是旧世界。对于这会造成什么问题，我们目前只能想象。尽管如此，虚拟体验可能拥有超越迄今为止人类发展所掌握的所有知识的答案。科学家们可以用新的视角来看待虚拟现实技术的数据。这项技术使残疾退伍军人能够参观战争纪念馆，让他们感受从未有过的情感体验。第一次体验虚拟现实的人所看到的奇迹，让人想起古代著作中关于早期仪式和神话体验的狂喜。

希腊人通过得墨忒耳和珀耳塞福涅的神话来解释地球上的季节交替，让人们更好地了解周遭，更深入地了解人类在地球上的意义。这就是神话的意义。虚拟现实能给我们带来更大的希望吗？沉浸式体验并不会让我们对自己是谁产生神话般的洞察，除非伴随着一定的故事。我们可以用隐喻的方式来讲故事，虽然不一定能清楚地表达生活的细微差别，但是能让我们在超越语言的层面进行体验和洞察。在突破虚拟现实叙事语言之前，我们必须了解其他人的新发现以及他们的表达方式。

2 覆盖着芯片的石桥[①]

本书目标

新领域和新学科的发展需要时间。能够使我们走出黑暗的唯一方法是，有人将已发现的领域绘制成地图，同时另一个人为其点亮灯火。早期的虚拟现实开发者和故事讲述者已经开始绘制地图。本书旨在点亮灯火，照亮他们的发现，并提炼出部分结论与意义。

传统思想家和技术支持者之间一直存在着一些不信任。海德格尔（Heidegger）在 1977 年写道："在任何地方，我们都没有自由，都为技术所束缚。"[②]那些从古人的哲学、方法和真理中找到深刻价值的人，一边对一夜之间变得至关重要的想法嗤之以鼻，一边却又用智能手机评论着这些新闻，煽动着情绪，极具讽刺意味。有些人之所以致力于推动技术发展，往往是因为觉得传统方式和思维没有意义，或者根本不适合他们。在这里我们要探讨的是，为了推进工作，两个不同的阵营需要理解彼此的迫切需求。长久以来，有一座覆盖着芯片的石桥衔接着通往未来的道路。

有趣的是，在一些十分依赖叙事的技术领域中，诸如电子游戏及 3D 动画，技术培训是首要的，而关于如何构建故事的经典理论的培训却是次要的。如果快速浏览一下这些领域中的前三个学术项目的教学大纲，我们就不难发现这一点。有时人们会认为，既然平

---

① 石桥意为传统媒介，覆盖着芯片意为现代技术。本章标题可理解为在现代技术的影响下，不断进步发展的传统媒介。——译者注

② Heidegger, Martin. *The Question Concerning Technology*. New York: Harper Perennial Modern Classics, 2013.

台是新的，那么所有的叙述方法也都应该是新的，但代价就是牺牲了叙事的有效性。尽管存在一些例外，许多开发者对故事创作有可靠的直觉，但更多的开发者常常由于故事的无效性而不能与目标受众产生共鸣。

创作者苦思冥想的微芯片

创作者没有意识到，虽然他们创造的世界和角色能够使人产生共鸣，但是缺少维持故事延展性和促使人群持续参与的诸多因素，其中原因尚待考察。在开发虚拟现实、增强现实和混合现实时，从心理学、哲学、神经科学甚至无意识的角度去理解几千年来深受观众喜爱的故事，这一点至关重要。人们常常把这些技术与美国西部大开发相提并论，然而值得一提的是，这只是这些技术目前所处的阶段。即使是蛮荒的西部，最终也会被法律、结构和形式驯服。唯有如此，才能让社会发展出一种文化，最终产生今天可用的各种技术。

为了驯服西部荒野，改变现实，我们必须审视自亚里士多德时代以来甚至更早时期的叙事原则。我们要研究好故事背后的架构，了解自身所需，在讨论如何成功打造观众体验方面取得进展。我们要了解故事的运作方式、增强故事有效性的元素，以及故事的创作方式。这将会为我们适应新的现实提供材料，以便我们构建新的叙事结构和方法。

什么是好故事？

受人尊敬的作家弗兰纳里·奥康纳（Flannery O'Conner）[①] 曾经说过，似乎每个人都知道什么是好故事，但直到他们尝试坐下来写一个故事时才会发现并没有自己想象得那么简单。首先，在了解一个好故事由什么构成之前，我们需要先定义一些术语，如"故事"（story）和"好"（good）。和大多数词一样，这些词有多重定义，而所有定义都有助于我们理解这些词的用法。"story"一词源于中古英语单词 storie，更早可能来源于拉丁语 historia 或英法单词 estorie。早在 13 世纪，这些术语就出现了。然而，单词 story 直到 15 世纪才

---

① 弗兰纳里·奥康纳，美国小说家和评论家，美国文学的重要代言人。——译者注

开始被广泛使用。

今天，这个词可以用来描述建筑物中相邻楼层之间的空间，也可以形容广为流传的谣言。韦氏词典对这个词的定义是一种叙述、一篇关于事件的报道、一个简短且有趣的故事。这个定义更接近于我们即将用到的这个词的用法，但仍然缺乏准确性。我们最终会找到一个适用于虚拟现实的定义，这个定义也将帮助我们从构建故事元素的角度进一步解读"故事"一词。故事通常包含以下要素。

1）角色

如果一个角色都没有，我们几乎就无法讲述故事。之后，我们将研究故事中出现的所有角色，包括主角、反派和大量原型等。

2）外在目标

虽然各种类型的故事都与内在历程和抽象表达形式有关，但视觉叙事通常需要一个可被记录的外在目标，并且至少有一个角色或主要力量试图实现这个目标。虽然故事中的主角通常是一个单独的个体，但主角力量可以包括两个或一组拥有相同外部任务的个体。重要的是，他们的共同目标是可以被看到的。例如，寻找爱情是发生在角色内部的抽象概念，我们无法拍下寻找爱情的行为。因此，寻找爱情是缺乏视觉效果的，无法在视觉叙事中独立存在。然而，找个舞伴跳舞就很容易了。这是一个可被记录的外在目标，可以成为主角寻找爱情的证据。

3）内在目标

见证角色完成任务是视觉叙事的基础。然而，我们也想知道角色的内心转变。内在目标不同于外在目标，它存在于角色的潜意识中，角色自身很少意识到，但是对于观众来说是显而易见的，比如角色向父亲证明自己的价值。

4）冲突

这或许是故事中最重要的元素了。没有冲突，故事将只有一个场景。冲突可以被建构在故事世界里的多个场景中。冲突既可能来自主角在实现目标时面临的巨大困难，也可能来自其他角色，如希望完成同样目标的对手，还可能来自角色内心的自我怀疑和不安全感。

5）解决

问题的解决方式多种多样。然而，为了让观众从故事中获得满足感，我们需要让观众亲历冲突化解的过程，除非这个故事的目的就是让观众感到不知所措。然而，这样做是有风险的，并且只能由经验丰富的故事讲述者以精确的方式来执行。

交替现实中的故事

虽然在交替现实中讲述的故事肯定有细微差别，但是为了达到本书的目的，我们仍将对在虚拟现实、增强现实或混合现实中讲述的故事进行以下定义：故事是一系列展现角色努力实现目标和解决冲突的事件或场景。这一定义为我们拓展"故事"一词的用法预留了空间和可能性，使其适用于大多数（即便不是所有）虚拟现实、增强现实和混合现实技术。事件或场景既可能是虚构的，也可能是纪实的，甚至还可能是在观众的操纵下实时发生的。它们的目的既可能是娱乐，也可能是教育或纯粹的信息分享。交替现实故事中的事件发生顺序既可能是线性的，也可能是非线性的；故事中既可能只有一个主角，也可能有多个主角；主角既可能是观众，也可能是观众正在观察的另一个角色；观众既可能是通过自己实现一个明确的外部目标来获得满足感，也可能是通过观看另一个角色实现那个目标来获得满足感；结局和目标既可以是内在的，也可以是外在的。我们在交替现实空间中体验到的所有的应用组合都可以被称为故事。

形式和公式

本书不是虚拟现实叙事的公式集合，而是想通过观察虚拟现实来找到用它讲故事的方式。从本质上讲，我们主要是试图建立一种全新的叙事形式和视听语言，用于在这个新领域讲故事。讽刺的是，叙事艺术似乎是唯一一种抵抗形式的艺术。

绘画课程从严格的练习开始，引导学生了解形状和颜色如何影响观众。这是非常重要的，也是学科悠久历史的一部分。在学习音乐时，像音符和音阶这种基本元素，早在学习复杂的编曲之前就学过了。在学习建筑学时，了解承重墙、坡屋顶和地基的工作原理是至关重要的，之后才能确定一个给定的结构中应该有多少窗户。所有学科都认可结构是艺术创作的关键部分。我们无法想象音乐家试图发明一个新的音符或和弦。建筑师也不会去尝试建造一个没有墙壁或地板的房子。然而，叙述者常常因混淆形式与公式而忽略媒介

的形式与结构原则，这其实对叙述者本身很不利。肯德尔·黑文
（Kendall Haven）在《故事证明：故事惊人力量背后的科学》一书中
指出："故事不是信息，不是内容。故事是组织信息的方式，是组合
信息元素的系统。这些信息元素有效地创造了可以吸引读者、增强
记忆并升华意义的重要内容。"[①]

即使在叙述过程中，公式也是有效的——如果它们隐藏得好的
话。好莱坞叙事圈有句老话："给我的东西都是一样的，只是形式不
同而已。"虽然大部分观众可能会否认，但其实他们都喜欢故事中
的熟悉感。当看到熟悉的模式时，人们的大脑就会触发奖励。叙事
的关键是用反转来让大脑大吃一惊。即使没有这个元素，观众也会
更青睐看过多次的电影。即便已经知道故事的结构和结局，观众还
是会有相同的情感体验。故事的力量在于过程。

虚拟现实的故事机会及在某种类型故事中的应用

说到叙事，每种媒介都有其优缺点。图文小说提供了一般小说
无法呈现的视觉效果，但一般小说有着图文小说无法比拟的深度和
洞见。明确虚拟现实的优缺点能够帮助我们创造更适配的故事，而
不是被动地寻找变通的方法。虽然有一天，人们可能不用戴头戴式
显示器就能实现虚拟现实体验，但目前它是虚拟现实体验的必要组
成部分。这为观众和叙述者同时带来了优势和劣势。它的优势是除
了头戴式显示器镜头发出的光线外，观众的眼睛几乎是被封闭在黑
暗中的，因此很快就能身临其境。当把耳机添加到头戴式显示器中
时，声音会覆盖观众的耳朵，使观众更加沉浸。它的劣势是耳机可
能很重，它的存在会提醒观众，他们所体验的是被制作出来的，不
是真实的。但是有一些故事反而在虚拟现实世界中更有代入感，如
驾驶航空模拟器的游戏，因为人们在现实生活中驾驶时也需要佩戴
类似的耳机。

发生在现实世界之外的故事可以马上成为虚拟现实故事，让观
众沉浸在从未（或永远没法在现实中）到达的地方。这是虚拟现实
这一媒介所独有的，包括创建世界，以及创建现有的世界和风景。
即使是发生在诸如厨房等熟悉环境中的故事，也可以通过创造性地

[①] Haven, Kendall. *Story Proof: The Science Behind the Startling Power of Story*. Westport: Libraries Unlimited, 2007.

设置摄影机将其转变成新世界。在现实生活中，夫妇在厨房里争吵很常见，但我们可能永远不会站在他们面前，去感受厨房里的紧张气氛。当然，也不可能从地板上的一只老鼠的角度来体验。然而虚拟现实却能让我们以第一人称，站在一个陌生的空间，与现实中不熟悉的人一起体验。对于虚拟现实叙事，我们的想法常常囿于构思一些适合利用 360 度景观的故事。这可能是一种有效的策略，但是我们也应该看到，许多其他体验也将在虚拟空间取得成功，因为我们能创造出空间和场景。每个故事都有可能在虚拟空间中变得有趣。

博弈与博弈论在虚拟现实中的作用

虽然不久前才被补充添加到潜在的叙事准则中，但电子游戏已经在短时间内成为重要的文化力量。有确凿的证据表明，在语言成为人类体验的一部分之前，人类就已经喜欢上游戏了。任何一个跟孩子玩过躲猫猫的人都明白这件事。还有更多证据表明，游戏可能超越了人类的活动，延伸至其他生物的意识中。例如，有研究证实了某些动物也会参与游戏。让狗把扔出去的球取回来，在不同的文化背景下普遍存在，这也印证了这种说法的真实性。游戏是人类经验的一部分。毫无疑问，它们也将成为虚拟现实体验的一部分。

博弈论研究的是人们在某些互动中的行为，通常是社会和经济互动，以及人们沉浸在这些环境中时是如何做出决策的。经济学家是最早开始研究博弈论的，现在对博弈论的研究已扩展到其他学科。博弈论中的博弈并不是传统意义上的博弈（如足球、国际象棋、大富翁或网球），而是个人或社会群体之间的互动。从本质上讲，它研究的是人们如何在互动过程中作出决策。在博弈中，参与者通常被称为玩家。玩家必须作出决策，这通常被称为行动。行动会给玩家带来回报。当然，这与叙事结构的某些方面非常相似。叙事结构中有角色，角色做出决定并采取行动，最终获得回报。

人们通常是通过三种视角中的某一种（或三种视角的组合）来研究博弈论的。社会科学方法从个人及社会群体的层面探索了博弈是如何影响观众的；人文学科方法探索了博弈所表达的意义和哲学；工业和工程方法探索了学科的技术层面，包括计算机图形学、人工智能和网络等。通常来说，理论之所以有发展，是因为在一个领域中的发现会影响人们对其他领域的理解。伦斯勒理工学院

（Rensselaer Polytechnic Institute，RPI）的塞尔默·布林肖德（Selmer Bringsjord）通过叙事视角看待博弈论。他表示，虽然许多游戏都很吸引人，但其吸引力可能并不像但丁的《神曲》、吉布森的《神经漫游者》和易卜生的戏剧那样强烈。布林肖德继续提问："能否以电脑游戏的形式创造出有强烈吸引力的交互式数字娱乐？"他认为，要做到这一点，就需要在人工智能和叙事的交叉领域取得重大进展。"既然交互式数字叙事需要在故事展开的过程中得到精心制作和调整，那么电脑，而非相比之下比较慢的人类，就需要被征募为像样的剧作家。当然，要让一台电脑成为剧作家，需要非凡的人工智能。"能够进行叙事的人工智能似乎正在迅速接近剧作家的叙事水平。

游戏研究中的游戏学与叙事学

20 世纪 90 年代以来，游戏研究领域中最激烈的争论便是关于展开叙事以及适用于此的哲学思想和方法是什么。虽然争论已经减弱，但两种哲学思想都没有占主导地位。一部分理论家（游戏学家）认为故事是游戏的子集，游戏不应该主要从叙事角度来分析；另一部分被称为叙事学家的人坚持认为游戏是故事的子集，应该受叙事分析的支配。当然，还有学者提出，二元方法完全是错误的。①两种方法对于虚拟现实来说都有价值，并且游戏学家也承认电子游戏中确实存在叙事元素。有些虚拟现实经历倾向于支持游戏学，即在用户体验的过程中构建用户世界，不受任何叙事传统的限制。有些虚拟现实经历显然采用了叙事学的基本哲学，确保用户的每个决策和行动都符合更大的计划叙事。本书的标题会向读者透露作者的态度和立场，但虚拟现实毕竟是一种新兴媒介，它既不是电子游戏，也不是电影，所以所有哲学方法都应该被考虑其中。一些沉浸式创作者会倾向于总体叙事，这有利于他们创造整体体验。不过，也有人喜欢在作品中只呈现一些次要的叙事元素。随着虚拟现实的不断发展，这两种类型的创作者都应该有发展空间。

---

① Murray, Janet. "The Last Word on Ludology v Narratology in Game Studies." Delivered as a preface to keynote talk at DiGRA 2005, Vancouver, Canada, June 17, 2005.

三维空间中的理论课程

三维空间中的物体运动研究和几何学研究可以被追溯到古代。随着技术的进步，三维空间中的物体和形状备受关注，特别是在计算机领域。最近，物体的定向和观众在观看时透过的"摄影机视角"已经成为虚拟三维空间叙事的重要方向。尽管这些想法背后的研究方法来自绘画、摄影和电影制作等，但细微的差别已经在计算机化的版本中有所体现。画家利用自然光线来创作，摄影师和电影制作者则利用科技来实现灯光效果。现在，虚拟现实创作者不仅能用阴影和光线叙事，还能从无到有地生成这些元素。此外，他们还可以制作出反射光线的物体表面的纹理。尽管现在的创作者拥有更大程度的控制权，然而从早期画家运用光影进行创作开始，人类对于阴影和光线的表达就一直没变。在建造虚拟世界时，甚至最资深的艺术家都会回顾并参考早期艺术家的经验教训，因为基本原则并未改变。改变的是，观众能够身临其境，能够获得进入三维空间的更强体验，而不仅仅是靠大脑想象来完成。但讽刺的是，它仍然是大脑的想象过程，虽然意识到这一点是有难度的。三维空间设计中最常被重复的经验也许是，每个角度都必须考虑观众的体验。如果你打算让观众拿起一个物体或从门口进入，那么在呈现每个选项时都必须考虑整体体验。换句话说，我们一方面必须掌握更大的叙事体量，另一方面又必须掌握每个角度的细节。

聚焦游戏：电子游戏中的虚拟现实叙事

布赖恩·奥尔盖耶，Insomniac 游戏公司虚拟现实游戏设计师

布赖恩·奥尔盖耶（Brian Allgeier）是一名电子游戏设计师，他在 Insomniac 游戏公司为索尼 PlayStation 开发的《瑞奇与叮当》（*Ratchet & Clank*）系列游戏中担任首席设计师和创意总监。1991 年，他开始从事电子游戏工作，在《汉娜·巴伯拉的卡通嘉年华》（*Hanna Barbera's Cartoon Carnival*）中担任动画师。最近，他在 Insomniac 游戏公司的虚拟现实游戏《无处可逃》（*Edge of Nowhere*）中担任首席设计师和创意总监。

约翰·布赫：　　　　你在电子游戏领域有着丰富的叙事经验。咱们聊一聊你最近的一些作品吧，尤其是你在虚拟现实领域的作品《无处可逃》。这个故事的最初想法是从哪里来的？

布赖恩·奥尔盖耶：早在 2015 年，我们就开始与 Oculus 商谈制作这款第三人称冒险游戏。我们喜欢这个游戏主题，即主角分不清真实与虚幻。我们创造了一个超现实的梦幻世界。在那里，英雄会质疑自己是活着还是死了，以及这里的一切是否都与他们进入之前的正常生活有关。对此我们进行了一段时间的探索，但在着手写故事时才意识到，玩家所期待的梦幻世界是他们所能想象出来的任何事物都能被召唤出来。然而从实际操作的角度出发，我们无法创造出人们所期望的那种规模和数量的元素，而且我们也不想让故事太过虚幻而显得不真实。我们希望真实和梦幻的感觉可以既相互对立又相得益彰。为了更好地理解恐怖游戏，我读了很多洛夫克拉夫特（Lovecraft）[①]的短篇小说。我很喜欢虚拟现实的一点是，当你戴上头盔时，会立刻感到一丝不安。你的视觉和听觉都被切断了，原始大脑启动了，并进入了紧张状态。我真的很想深入研究恐怖游戏，而虚拟现实似乎是实现这一目标的最佳媒介。

约翰·布赫：这款游戏的环境叙事确实让人印象深刻。当你读洛夫克拉夫特的故事或者开始构思时，到了某个阶段就需要有人通过编写代码来帮你实现想法。你是如何把头脑中的环境故事描绘给技术人员，并让他们把它带到屏幕上的呢？

布赖恩·奥尔盖耶：这是一个相当漫长的过程。我们通常从创建原型开始，从我们想要看到的伟大时刻开始。我们在截止日期前工作得最有效率。至于《无处可逃》，我们用了两个月的时间，为 E3 大会做了一个初始演示版本。关于游戏我们的最初想法仅仅是穿越南极洲，但最后却变成了遇到一艘破船。它原来是一个图书馆，或者一个书房，还会伸出触手缠绕你。我们也不知道如何将这些东西跟故事扯上关系，只是觉得这是很棒的演示。通过头脑风暴和不停试错，我们为游戏创造了一份指导文件，所有创意人员在工作时都参考它。一旦到了这个阶段，每个人都有明确的目标，然后大家一起努力创作。

约翰·布赫：当我与故事设计师以及那些试着将传统 2D 故事带到虚拟现实领域的人交谈时，我总会提到"魔法"这个词。我经常听到

---

① 洛夫克拉夫特，美国恐怖、科幻与奇幻小说作家，尤以怪奇小说著称。——译者注

人们把他们与魔术师和变戏法的艺术家做类比，因为他们都在用相似的方法引导观众观看。你是如何既让观众在虚拟现实中自由探索，又持续引导他们沿着故事走下去的？

布赖恩·奥尔盖耶：这是我最近一直在思考的问题。我想说，我们从魔术表演中学到很多，包括在引导注意力方面，也包括在现场表演方面。例如，在创造360度环境的同时，我们还要确保观众去看我们想让他们看的地方。要做到这一点有很多技巧。有些传统的游戏将这些技巧运用得极佳，如《生化奇兵》（*BioShock*）系列。它们很擅长引导注意力。第一，人们总是会看房间里最亮的地方。就像飞蛾扑火一样，人们都会去找那些最亮的东西。第二，虚拟现实另一个好用的技巧和现场演出一样，就是空间化的音频。我们可以在特定地点放置音频，让人们自动转向查看声音来自何处。我们在《无处可逃》中广泛使用移动的物体来吸引观众的眼球。第三，另一个很棒的技巧是使用"面包屑的踪迹"。如果有血沿着地面流淌，你会想知道它通向哪里。你会沿着轨迹走，然后找到最终答案。

约翰·布赫：让我们把视点先缩小一下，只把虚拟现实当作讲故事的媒介。《无处可逃》是第三人称的体验。显然，也有人正在创造观众是主角的第一人称体验。能谈一谈你把传统叙事中的经验带到虚拟现实世界中时哪些是适用的，而哪些是不得不被抛弃的吗？

布赖恩·奥尔盖耶：我认为，从传统叙事来看，三幕式结构将永远存在。它存在于我们的基因中——是单一神话或英雄之旅。我们希望有开始、过程和结果，以及煽动性事件。英雄要面对各种敌人和盟友，到结尾时，英雄有了转变并化解了故事中的主要冲突。我认为这是所有讲故事的人都应该不断学习和发扬的东西。

就虚拟现实而言，我认为关注的重心在于讲故事的技术。当然，在传统的电影制作中，我们习惯于剪辑，习惯于调整摄影视角，而现在不再需要这么做了。剪辑越多，沉浸感就越低。视角的不断改变，意味着观众在不断地被提醒，他们并没有真正地进入场景。因此，必须用非常流畅的方式从一个镜头或场景过渡到下一个镜头或场景，而这大都依赖演员的表演和走动。在引导观众注意力的时候，我们不能太过用力和程式化。

约翰·布赫： 在此基础上，我们谈谈虚拟现实中的角色吧。你创造了很多出色的角色。能谈谈你的方法吗？比如说，创作《瑞奇与叮当》的方法与你在《无处可逃》中处理维克托·霍华德（Victor Howard）的方法有什么不同？这种新媒介是否改变了塑造角色的方式？

布赖恩·奥尔盖耶： 这是个有趣的问题。这是两种非常不同的故事风格。《瑞奇与叮当》更传统一些，我们塑造的角色知道自己想要什么。我们在瑞奇与叮当以及时间的裂缝之间转换视角。他们努力弄清自己在宇宙中的位置。我们也试图了解他们的历史和命运，如他们应该往哪里去，或者他们认为自己应该往哪里去。最终他们必须作出决定，即是否去完成命中注定的目标和任务。

在《无处可逃》中，我们试图通过一个英雄——维克托的视角来讲述故事。我们只能从两个角度来展示：一个是你坐在一个漂浮着的脱离躯体的脑袋里跟着他在南极旅行；另一个是你在头部空间里，觉得真的就在他的脑袋里，并会从第一人称的视角看到一切。这既可以实现第三人称冒险游戏的体验——玩家探视世界并且看得到英雄，也可以让玩家通过头部空间的视角真正地把自己当作角色。

游戏中有非常小的镜头切割，比如切换到游戏中的一个特写镜头，然后通过淡出到黑场或其他方式，完成从游戏世界到大脑世界的过渡。然而在《瑞奇与叮当》中，我们用得更多的是剪辑和传统的电影场景。

约翰·布赫： 《无处可逃》很特别，它道出了人们当前对冒险的渴望，也给我们展现了从未见过的有趣世界。你想让玩家体验的主题是什么？

布赖恩·奥尔盖耶： 我认为其中一个重要的主题是感知。很多时候，我们所相信的其实都不是真的。我认为这是贯穿洛夫克拉夫特很多作品的主题。如果我们能看穿现实的面纱，那么我们可能会发疯。我认为这个故事可以体现这一点，即一切都归结于自己的看法。生活中有很多遗憾，我们总是在与它们斗争。最终，我们与我们的世界观和解。

约翰·布赫：	你和维克托在谈论人类处境这个主题。我想他在寻找未婚妻的同时，也在探索作为人类的意义。
布赖恩·奥尔盖耶：	我们试着不去解释一切。这个故事是模棱两可的，大家可以从自己的角度进行解读。但我觉得你是对的，游戏的很多地方都是关于人类处境的。是什么驱使我们？是什么让我们继续？信仰就是我们的一切，这就是我们所坚持的。

布赖恩·奥尔盖耶提出的概念

1. 虚拟现实的一些特性使其适用于某些类型的作品，如恐怖游戏。

2. 环境叙事是虚拟现实游戏叙事的关键部分。

3. 古老的艺术形式，比如戏法，其引导观众注意力的原则在虚拟现实领域仍然适用。

4. 三幕式结构存在于许多沉浸式虚拟现实体验中。

5. 叙事场景之间的过渡很重要，会影响观众的沉浸感。

6. 感知仍然是虚拟现实用户体验的重要组成部分。

总结观点

布赖恩·奥尔盖耶强调了虚拟现实体验中故事结构的概念，允许适应新兴沉浸式技术的修改，如重新定义场景转换。他还提醒我们，在寻找讲故事的方法时，一些更古老的方法，如舞台魔术所用的方法值得借鉴——容易使观众忘掉传播媒介。他的一些建议促使我们思考创作沉浸式体验时创作者隐身的必要性。在设计一种体验时，创作者很容易将注意力集中在新奇或有趣的东西上。然而，最有效的方法是伪装自己，让观众沉浸在故事中——让他们相信这是自己的体验，而不仅仅是虚拟世界中的角色的体验。

桥的另一边

我们以被芯片覆盖的石桥的隐喻开启了本章。一旦我们过了桥，桥那边会是什么呢？1902 年，一位名叫乔治斯·梅利耶（Georges Méliès）①的法国魔术师创作了电影《月球之旅》（*Le Voyage*

---

① 乔治斯·梅利耶，法国演员、导演、摄影师。他把戏剧艺术的法则系统地运用于电影，被誉为戏剧电影之父。——译者注

dans la Lune）。这是关于一群科学家的故事。与哈利·波特的故事中的巫师非常相似，他们成功发射了到月球的载人火箭。在那里，科学家遇到了外星人，与他们战斗，甚至找到了摧毁他们的方法。科学家将宇宙飞船推离悬崖，然后安全落回地球。这部电影被公认为第一部讲述连贯故事的电影。虽然梅利耶使用的特效得到了极大的关注，但是有一个问题很少被注意，那就是电影制作者关于月球之旅的哪些假设是对的，哪些假设是错的。在故事发生的那个年代，人类还从未到过月球，技术能力远没有达到。从纯科学的角度看，我们知道，梅利耶准确地发现了几十年内人类无法进行月球航行的关键原因——距离地球的重力作用足够远时，飞船会因受到的作用力而爆炸。影片的第一幕探讨了这个问题。梅利耶还准确地假设了太空环境不适合人类生存，他让角色穿上太空服，戴上辅助呼吸的头盔。人类遇到外星生命，发生一场战斗，这至今仍是故事中常用的桥段。然而，梅利耶也有大量假设是错的——那些他根本不可能知道或预料到的事情。当然，没有历史学家会因此指责他；相反，我们赞美他的前瞻性思维和创造性视野。历史可能会以同样的宽容态度观照现代创作者。我们必须敢于挑战极限，探索新的叙事媒介。我们应该接受那些仍然有益的传统规则，同时寻求创新和改变。那座用芯片覆盖的石桥后面，隐藏着许多深不可测的故事。前方的新世界正等待着我们去探索。

3 叙事背后的科技

自从人类开始交流，故事就存在了，但人类对故事细节的科学研究相对较新。肯德尔·黑文在其《故事证明：故事惊人力量背后的科学》一书中表示，早在我们出生前，大脑就已经可以以特定的故事方式进行思考了——这些内在的故事图谱并非储存在意识中，而是储存在潜意识中。[①] 此外，我们在年龄尚幼、还不能理解所听到的字词为何意之时，就开始倾听故事了。这远远超过了我们的成长阶段。我们不会因为变得成熟，就不再向彼此讲故事。讲故事对我们的大脑和生活都产生着巨大的影响。

故事和大脑的本质

布赖恩·博伊德（Brian Boyd）认为，人类是"高度智能化和高度社会化的动物"[②]。故事囊括了诸多因素，如智能、模式探寻、形成联盟、开展合作以及理解他人的信仰和文化等。故事使我们成为更强大、更高效的物种。博伊德认为故事不是关于"是什么"的，而是关于"做什么"的。他认为最重要的因素或许是模式探寻。在某种意义上，故事是围绕模式构建的，哪怕这个模式的结构是松散的。这无疑是故事及其元素能够吸引大脑的原因之一。在美国国家医学图书馆和美国国立卫生研究院的网站上，我们可以读到发表在

---

① Haven, Kendall. *Story Proof: The Science Behind the Startling Power of Story*. Westport: Libraries Unlimited, 2007. Print.

② Boyd, Brian. *On the Origin of Stories: Evolution, Cognition, and Fiction*. Cambridge: Belknap of Harvard University Press, 2009. Print.

《神经科学前沿》（*Frontiers in Neuroscience*）上的一份报告。该报告称："模式处理是进化了的人类大脑的本质。"[①] 根据本书此前关于故事结构的讨论，虽然非线性故事以及那些偏离了传统叙事模式的故事仍能引起观众的共鸣，但是从神经学的角度看，更加倚重模式的故事结构在面对观众时优势更大。这一概念适用于不同形式的视觉叙事。由此我们相信，对于虚拟现实，它也同样适用。[②]

乔纳森·戈特沙尔（Jonathan Gottschall）认为，人们对梦境的研究或许可以引导我们洞察人与叙事的关系。他说道："梦的研究者将梦定义为叙事语境中生动的感官运动幻觉——这是夜晚的故事。他们关注的是故事主角，通常是做梦的人。主角必须克服障碍以实现愿望。"他在《讲故事的动物》（*The Storytelling Animal*）一书中写道：人们对模拟世界兴趣浓厚，这是因为人们渴望在另一个世界中生活得更好。戈特沙尔在研究电子游戏的叙事时，采访了一位游戏设计师。该设计师说，每一天，玩家都在通过游戏逃脱毫无意义的现实生活，奔向游戏所提供的有意义的环境。总的来说，大多数围绕叙事游戏和故事展开的研究表明，追求意义是人们玩游戏的基础动力。

科学、故事和身体

斯坦福大学虚拟人交互实验室围绕虚拟现实和增强现实进行了广泛研究，其中很多研究都集中在具身化的问题上。最新的研究提出了这样的问题："虚拟形象的身体动作能改变一个人对善恶的看法吗？"具体来说，该研究着眼于虚拟现实空间中的具身化角色能否改变人们对某些事情的看法。虽然还需要更多的研究，但此次研究也确实得出了结论，即虚拟现实体验可能悄然塑造了用户在数字体验和媒介交互之外的心理表征。斯坦福大学的其他研究指出，在虚拟现实空间中使动物甚至自然具身化，可以改变我们在数字空间之外与这些元素互动的方式。

科学、故事和身体似乎在其他领域亦有交叉，即在现实生活中

---

① Mattson, Mark P. "Superior Pattern Processing Is the Essence of the Evolved Human Brain." *Frontiers in Neuroscience* 8 (2014): n. pag. Web.

② Cohn, Neil, Martin Paczynski, Ray Jackendoff, Phillip J. Holcomb, and Gina R. Kuperberg. "(Pea)nuts and Bolts of Visual Narrative: Structure and Meaning in Sequential Image Comprehension." *Cognitive Psychology* 65.1 (2012): 1–38.Web.

我们如何看待世界。有研究表明，电影制作中普遍存在的剪辑已经使得人们按照片段或场景的方式来思考问题。[①] "换句话说，即使生活与活动是实时展开的，我们仍期望它们具有一定的连续性。正如相关报告所指出的：动物和人类的运动被整合在有节奏的、优雅的、独立的活动单元序列中，每个活动单元都有自己特定的目标导向，并由更高层次的目标或目的进行协调。"[②] 许多研究开始关注当人类生活无法轻易顺应这些参量或期望时所产生的影响，尤其是在数字环境中。用户在虚拟现实早期所经历的分离感，又被称为"后虚拟现实悲伤"。

聚焦虚拟现实科学与叙事：数据学和神经学视角下的虚拟现实叙事

卡罗莱娜·克鲁兹–内拉博士，阿肯色大学小石城分校新兴分析中心主任

卡罗莱娜·克鲁兹–内拉（Carolina Cruz-Neira）博士是全球公认的虚拟现实和交互式可视化领域的先驱。阿肯色州研究联盟（ARA）和州长迈克·毕比（Mike Beebe）任命她为 ARA 学者之一——负责分享知识和研究成果，为该州的经济振兴开辟新的道路。

约翰·布赫：　你能不能先给我们介绍一下你的工作背景？

卡罗莱娜·克鲁兹–内拉博士：我已经在这里工作很久了，过去一直在为虚拟现实创建大型资源中心。实际上，位于小石城的阿肯色大学新兴分析中心（EAC）是我领导的第三个中心。20 世纪 90 年代末，我在艾奥瓦大学建立了一个非常大的中心，即虚拟现实应用中心。如今，它或许已经不像我主导时那般知名，但仍然存在。

我构思了该中心的概念，并花了大量时间与其他几位同事一起筹资。该中心曾是世界上最大的虚

---

① Magliano, Joseph P., and Jeffrey M. Zacks. "The Impact of Continuity: Editing in Narrative Film on Event Segmentation." *Cognitive Science* 35.8 (2011): 1489–1517. Web.

② Delafield-Butt, Jonathan T. and Colwyn Trevarthen. "The Ontogenesis of Narrative: From Moving to Meaning." *Frontiers in Psychology* 6 (2015): n. pag. Web.

拟现实中心之一，有35～40名教授和200～300名研究生，拥有一个六面的洞穴状自动虚拟环境以及一个大型的SGI系统（一种用于机械工程领域的科学仪器）。

卡特里娜飓风之后，路易斯安那州州长希望路易斯安那州有新的技术项目，以助力其发展。我受聘参与新技术项目的创建。到那儿以后，我建立了我的第二个大型虚拟现实中心，即路易斯安那沉浸式技术公司。我在那里担任过一段时间的首席执行官。

不久之前，阿肯色州前任州长提出了一项推进该州研究和技术发展的倡议。我就是这样来到了现在的位置。新兴分析中心在我来之前就已被创建。我们的定位主要是把虚拟现实技术应用于工业领域、军事领域以及除游戏、娱乐之外的所有领域。我们的独特之处在于，我们做了很多工业方面的工作，而这些是大多数大学不会做的工作，包括生产大量的实际应用。

目前，我们做的大部分工作都与平台无关。环顾四周你会发现，如今90%甚至更多的虚拟现实都是通过头戴式显示器感知的。大家都喜欢Oculus Rift、HTC Vive、HoloLens等，其中很多都属于单用户系统。如果是用于玩游戏和娱乐，它们的效果极佳。这是因为通常来说，你是以个体的方式通过电脑来玩游戏的，你的社交互动是通过多玩家游戏开展的，而你永远不会真正看到对方到底是谁。但是在工业领域，你们是以团队的形式在工作，你们坐在会议室里。我们则需要着眼于所有的虚拟现实平台，了解你们需要什么，你们想做什么，你们的日常生活是什么样的，你们公司的工作流程是什么样的。在此基础上，我们努力找到最适合你们的平台，而不是让你们把实验约翰·布赫：室中仅有的一个平台"硬吞"下去。就虚拟现实平台而言，我们极有可能是目前最多样化的群体。我们关于平台的讨论先暂时告一段落，我认为这是一个值得深入探讨的点。你能稍微谈谈洞穴或球体吗？与标准的头戴式显示器相比，它有哪些优势？能做到哪些前者无法做到的事情？为什么要使用其他平台？什么类型的应用与它们更加匹配？

卡罗莱娜·克鲁兹－内拉博士：我认为就像所有事情一样，每个平台都有各自的优点，也都有不尽如人意的地方。我们都有鞋，但不会仅有一双。是穿高跟鞋好还是穿跑鞋好，这取决于具体情境。我不会穿着高跟鞋去攀登珠穆朗玛峰，因为那太荒谬了。同时，我也不会穿着跑鞋去参加白宫的晚宴，因为那同样荒谬。我认为，这正是我们通过虚拟现实平台在做的事情。我们告诉人们："穿上你的高跟鞋，去攀登珠穆朗玛峰吧。"对于虚拟现实而言，并不存在一个最好的平台。说"最好的"是没有意义的。此外，洞穴状自动虚拟环境具有很多优点。它能让一个团队一起走进虚拟空间，而这些人在虚拟空间中的体验与在现实世界中的体验方式相似。如果你在迪士尼和别人一起坐过山车，那就是一种共享体验。我看到了你和我，看到了你的肢体语言，看到了你的面部表情，看到了你正用手指着东西。对于这些情况，洞穴状自动虚拟环境是非常适用的。洞穴状自动虚拟环境好的原因也在于，它不会限制你在现实世界中的视野。对我来说，在虚拟世界中看到自己是至关重要的，因为我可以把自己的身体当作参照系来理解物体的大小，测量事物间的距离，知道前后方位，评估自己的体力，伸手去拿东西等。基本上，除了在洞穴状自动虚拟环境中可以做那些事情外，在其他不直接与眼球相连的系统中也可以做那些事情。

这些年来，我们做了一些实验。有统计数据证明，不在眼球上直接连接显示器会显著减少眩晕、定向障碍等不适感。在洞穴状自动虚拟环境、圆柱形自动虚拟环境内或使用任一大型设备显示器时，都不会出现这些问题。当然，它也有缺点。现今的洞穴系统以及其他大型设备显示系统都将追踪控制视角赋予了一个人，系统内的其他人是跟着这个人行进的。与持有视角的人的距离，将影响对所在虚拟世界的感知。用户的眼睛可能会有些不舒服，对事物间的距离或物体大小的估计也会更难。这就相当于你去电影院看3D电影，影像出现在影院中间，而不是影院正前方或左右两边。团队人数和洞穴系统的大小，会影响用户的体验。

约翰·布赫：　你能否谈谈虚拟现实中的神经学问题？你是否曾与大脑科学家合作研究过：在沉浸式空间中什么能更快地吸引人们的注意力？

卡罗莱娜·克鲁兹－内拉博士：这一点我们以前就研究过。现在我们手头上的项目也在研究这个问题，但主要还处于头脑风暴阶段。我之前工作过的几个地方做了很多相关的工作。第一，我们曾与军队合作，开展关于士兵训练互动的项目。但因为士兵们只是为了玩游戏而进行训练的，加上存在一些游戏场景方面的问题，所以他们并没有真正学到相应的技能。换句话说，他们只是认识了这种特殊的训练环境，并没有获得战术思维的培养。在训练过程中，场景会随机进行自我创建，所以士兵们对空间并不了解，甚至他们每次进入训练环境时所看到的街道布局都是截然不同的。这是我们过去在该领域所做工作的一个例子。第二，我们将虚拟现实技术用于服务老年人，如用于刺激阿尔茨海默病患者的前期记忆。与我们合作的医疗团队，即精神病学小组认为，对于老年人来说，在大脑中同时开展两种不同的活动非常困难。我们利用虚拟现实技术将这些老年人置于非常愉悦的环境中。医疗团队进行了采访，发现一些患者在年轻时喜欢潜水，一些患者则喜欢登山。紧接着，我们创建了几个虚拟环境，包括美丽的水下世界、风景秀丽的阿尔卑斯山和一个购物中心。精神科医生会和患者坐在洞穴中间，置身于美丽的水下世界中，看见鱼儿从身旁游过，看到远处有一艘沉没的帆船。他们好像是在潜水，却在谈着一些与水下世界完全无关的事情。这些图像会触发患者脑海中不相关的记忆。他们会离开一两个星期，之后回到精神科医生的办公室，他们甚至能够回忆起和医生在洞穴里的对话。医生会问："上周我们谈了些什么？"病人会说："哦，我不知道。""难道你不记得我们坐在水下观鱼了吗？""哦，是的，确实如此。我们在谈论发生在德国的事情。"虚拟环境成为记忆触发器。第三，我们在研究与疼痛控制相关的东西，其他小组也在做。有些小组对创伤后应激障碍感兴趣。我们希望和强奸受害者、抢劫受害者、车祸受害者等合作，进行一些早期的初步对话。

约翰·布赫： 叙事元素在虚拟现实中的使用情况如何？当然，不仅仅是利用虚拟现实来讲述故事，还包括进行世界建构以及探究叙事如何影响人类思维。我听你说过，你会使用虚拟现实挖掘数据，因为它与叙事有关，并且可以创造视觉故事。你说过，当数据变得可视时，人们就会围绕这些数据设计故事。

卡罗莱娜·克鲁兹－内拉博士： 我们可以就这个问题聊很久很久，因为故事实在不胜枚举。我给你讲一个。在我研究生毕业后开始我的教学生涯时，一家世界 500 强的大公司对我说："嘿，卡罗莱娜，我们刚投放市场的一款产品遇到了问题，但我们不知道问题出在哪儿。我们的整个工程团队都在研究这一问题，并且已经追溯到产品设计的最初阶段，就想弄清楚到底发生了什么，但我们真的没办法，实在想不明白。你的机会到了。我们听说，你认为虚拟现实技术将能帮助我们的行业，那就请你帮我们找到这个问题吧。"我说："好啊，我接受挑战。"

我们得到了他们的一些数据——只是一堆数据点，并没有特定的三维意义。我和我的学生对全部数据进行了沉浸式、可视化处理。当你在屏幕上看数据时，你是在从一个视角看他们。如果你想改变视角，通常会通过滑动鼠标或点击按钮，以使Y轴旋转或Z轴旋转等。从某种意义上说，它是对三维数据的一维处理。我们从不同角度看数据的能力相当有限，要远远低于我们实际意识到的。大多数工程和设计工作仍是在计算机上，尤其是在平板显示器上完成的。有时想一想很有趣，这完全显示出我们环顾四周的能力非常有限。我们开始做这个项目。在做可视化工作时，我们注意到数据呈现出某种非常奇怪的规律，而这种规律只能从某一个极其特定的视角看到。我们稍微做了变动，最终找到了发现问题的角度。我们回到这家公司，说："嘿，伙计们，我们好像在你们的数据中发现了一些东西，它们确实很难被看到。"然后我们把他们带过来，抓住他们的头，说："好吧，问题在那里，就在那里。看到了吗？"不到五秒钟，他们来的三四个人就惊了："这是什么？"他们像疯了一样激动不已，立刻明白了问题出在了哪里，然而我们其实并不知道，我们只是从某个角度看到了数据不规则的地方。他们立刻知道了问题出在了哪里，并且能够找到解决方案。这对我们来说也是极大的好事，因为这家公司是最

<table>
<tr><td>约翰·布赫：</td><td>早与我们团队建立长期资助关系的公司之一。
故事理论家说，故事结构是基于人类大脑解决问题的方式来运作的。你能简单谈谈虚拟现实是怎样解决让我们束手无策的问题的吗？你刚刚分享的故事就是一个完美的例子。但是你为什么说虚拟现实开辟了前所未有的、解决问题的新空间呢？</td></tr>
<tr><td>卡罗莱娜·克鲁兹－内拉博士：</td><td>比方说，我们正在尝试解决一个问题，需要设计一个新机器来处理某些流程，或者需要使相关流程更快或者更高效。我是工程师，并不是在现实世界中真正坐下来使用机器的人。我对问题的理解不一定是用户的最终理解。我指的不是虚拟现实用户，而是真实的用户——产品的消费者。很多工程师认为他们是用户，事实并非如此。他们的产品由其他人使用，而有时用户的想法很难被了解，因为你不知道他们的日常生活和工作是什么样子的。</td></tr>
<tr><td>约翰·布赫：</td><td>虚拟现实面临的最大挑战是延迟和帧率等问题。你认为现在必须克服的最大挑战是什么？那个只有被克服了我们才能彻底以新方式来使用这项技术的挑战是什么？</td></tr>
<tr><td>卡罗莱娜·克鲁兹－内拉博士：</td><td>听起来有点无聊和重复，但这些挑战的确存在。我们仍然会面临延迟、帧率等问题，尤其是在正在发生的事件与相应场景的视觉同步上面临挑战。在我们现在做的所有虚拟现实项目中，除了非常基础的物理学之外，绝大多数不涉及任何形式的计算，这也是问题。我认为我在读研究生时所面临的大多数挑战在今天仍有待克服。
我们如何引入视觉之外的额外感官体验？如何适应个体差异？尤其是现在，我们只是假设所有人都有两只眼睛，且它们普遍位于每个人脸上相同的位置。这是绝对错误的。每个人都有非常显著的个体差异。我们的眼睛在水平方向上不一定是</td></tr>
</table>

对齐的。你的一只眼睛可能比另一只眼睛看得更清楚。你在 20 世纪 90 年代的虚拟现实出版物中看到的几乎所有的挑战至今都仍然存在。当然，也有一些重大的进步，如这项技术已经变得不太昂贵。这一点让人欣慰。目前是一个激动人心的时刻，但也是一个非常脆弱的时刻。

卡罗莱娜·克鲁兹 - 内拉博士提出的概念

1. 每一个虚拟现实平台都有其优势、劣势及应用。

2. 虚拟现实研究与记忆研究之间存在联系。

3. 除了娱乐之外，叙事元素在虚拟现实中还有其他应用。

4. 技术挑战依然严峻，只有克服这些挑战才能推动虚拟现实的发展。

总结观点

正如卡罗莱娜·克鲁兹 - 内拉博士提到的，即使一些作品的主要目标已经超越了叙事本身，但是它们仍依赖叙事元素。了解这些元素及其使用方式，会让创作者在工作中具有优势。无论是心理、物理还是数字方面的问题，叙事元素在构建解决问题的方法和应用时都是有益的。理解虚拟现实的叙事元素如何独立于其他叙事元素发生作用，以及如何与其他叙事元素共同发生作用，能让创作者深入了解一个世界的构建方法，而这些方法可能在设计一个特定问题的解决方案时效果尤佳。答案可能并不是通过开发新技术来填补空白，而是利用现有技术来提供不同的叙事。

传统电影叙事技术面临的挑战

我们正处于一个独特的历史时刻——技术发展比生产方式发展要快得多。这一点放之全球皆准，在娱乐制作领域尤其如此。尽管计算机的处理能力发展迅速，摄影机的分辨率也一度要高于被编辑或显示的分辨率[①]，但普通用户仍然无法对大型数据文件进行实时操

---

① 例如，4K 的影像在 2K 的屏幕上播放。——译者注

作，还是必须依靠渲染。这就减慢了内容的生成速度。虚拟现实也并非没有技术上的挑战。事实上，许多人都认为虚拟现实面临的最大考验就是技术问题，因为人类对未来的想象远远超出了虚拟现实的现有能力。

也许被讨论最多的是幕后问题，即辅助灯光、音频和手柄设备的放置位置，这也决定着能否制作出观众熟识的具备美感的作品。当然，YouTube 和其他在线视频平台的出现，使观众对他们所喜欢的视频内容的制作质量的期望不再单一化。当视频内容需要付费观看时，观众对他们所买的视频内容的制作质量仍然有一定程度的期望，即认为付费内容的制作质量应能达到他们认为的专业水平。

聪明的虚拟现实创作者已经想出了很多方法，将装备和工作人员隐藏在虚拟现实空间的明处。例如，摄影导演将摄影机装到自制头盔上，然后再将头盔戴到头上。显示器被藏在报纸后面，并被伪装成墙上的电视。剧组成员扮成场景中的临时演员，其中一些人还在身上安装了隐藏的麦克风。为了利用自然光，原本要在室内展开的故事被搬到了室外。所有这些都是创作者为了应对现有媒介的技术挑战所想出来的办法，目的在于更好地讲故事。

在实践中讲述更好的虚拟现实故事

即便挑战重重，创作者也必须使用现有设备来制作媒介内容。虚拟现实最终可能会开发出整套的专业设备，不过目前用于电影、电视、戏剧和网络的设备也足以支持虚拟现实创作。虽然摄影机可能是目前虚拟现实场景中唯一专门用于该媒介的设备，但这种情况将很快发生改变。沉浸式戏剧已经开发出了一些有用的工具和技术。该领域的创作者在"隐身能力"（不破坏观众沉浸式体验）方面处于领先位置。

在讨论具体的生产实践、工具和技术之前，我有必要说明一下人们对叙事设备的哲学本质的看法。大多数时候，制作手段比内容更受关注。换句话说，从美学的角度看，一部作品可能制作精良，但创作团队通过作品讲述的故事却毫无美感。付费观众虽然可能会原谅简单甚至有瑕疵的制作元素，但是很难接受叙事失调、混乱或情节有漏洞的作品。创作团队中的每一个人都必须意识到他们是讲故事的人，这一点极其重要。讲故事不只是作家或导演的事，每一个制作元素其实都在一个更大的叙事中讲述着故事。导演必须将这些小故事结合在一起，创造出一个更大的故事，就像指挥家通过协调整个乐队来完成交响乐的演奏一样。如果集体中的某个部分走调了，那么整体的演奏就会岌岌可危。一个部门的失调可能会让整个叙事变得混乱。导演的工作之一就是确保每个人都在讲同一个故事。如果灯光部门认为他们讲述的是一个恐怖故事，音响部门认为他们讲述的是一个喜剧故事，那么最终的作品不太可能打动观众——至少不是一部能让观众获得享受的电影。

摄影机、画幅及其边框如何影响虚拟现实故事

我们前面讲过，摄影机可能是片场唯一专门为虚拟现实制作而存在的基础设备。这个制作工具将实现或者摧毁观众对故事的体验，它的重要性怎么强调都不为过。根据制作规模的不同，虚拟现实摄影机在尺寸、形状和重量上有很大差异。一些摄影机具有单一的广角镜头，视角最多为180度。创作者通常会将两台或更多这样的摄影机连在一起，以创造沉浸感。其他摄影机有多个镜头，执行同样的任务，以捕捉360度空间。我们不妨温馨提示一下前文提出的一个观点，即360度全景视频不等于虚拟现实。

360度全景视频不等于虚拟现实

虽然360度全景视频能够在虚拟现实中用于创造沉浸感，但根据定义，二者并不相同。本书第1章介绍过相关概念。去掉方形画幅的边框会对观众产生一些影响。长期以来，方形画幅一直是我们观察叙事世界的窗口。当观众对画面感到厌恶或者害怕时，他们会把目光移开。当观众真的被置于画面中时，他们没有办法转移视线。他们可以闭上眼睛，但这需要在控制方面做出更大牺牲。大多数人不会在害怕时闭眼，除非是孩子。当画面中的场景让观众不安时，他们会选择看向旁边的人，甚至可能握住他们的手。有了预设的虚拟现实体验，观众就失去了这一掌控力，而这说明了即将到来的社交虚拟现实技术的重要性。摄影机、画幅以及边框带来的脆弱性极大地影响了观众的故事体验。在制作故事时，我们必须认识到这一点。创作者可能很想去打破观众沉浸于虚拟世界中的深度界限，但是考虑到观众是形形色色的，创作者也必须对观众有一种天然的尊重。在制作虚拟现实故事时，平衡观众的深度沉浸感和舒适

度，仍然具有重要意义。同样值得注意的是，即使是在虚拟现实动画叙事领域，尽管在创作中可能没有使用物理摄影机，但是摄影机也仍然发挥了作用。虚拟现实动画世界清除了目前存在于实际制作中的许多技术挑战，然而，叙事的挑战并没有变。前面提到的关于观众沉浸感的注意事项在虚拟现实动画叙事中同样重要。

结合概念与方法的实验性虚拟现实叙事

科学技术在诸多艺术形式的创新中都发挥了作用。实验并不断突破既定界限是各种艺术形式向前发展的唯一路径。电影行业中有句老话："先懂规则，才能打破规则。"一个人一旦知道了规则，立马就会对打破规则产生兴趣。艺术中的实验方法很少受到媒体关注，通常只为业内人士所知。业内人士偶尔会对传统方法感到厌烦，并会从正在进行艺术形式实验的人那里获得灵感，采用他们觉得有趣的方法和技术，并将其融入基本"安全"的作品中。最初的实验方法通常不会得到认可，当然也不会取得经济上的成功。这种模式在音乐、戏剧、文学和电影中周而复始。20世纪初，盖伊·戴博德（Guy Deboard）[1] 的写作和电影制作得到了学术界的赞扬，但大多数创作互动和沉浸式作品的艺术家对此一无所知。戴博德在他的《景观社会》（*The Society of the Spectacle*）一书中，将景观解读为现实生活中看到的虚假表象。他说，景观是一种物化的世界观，使人类受制于自身。他似乎认为，艺术越接近现实，其影响就越显著。为了证明自己的理论，戴博德创作了一些电影，迫使观众与媒介互动，而不是被动地接收信息。他的方法往往很极端。他的第一部电影《隆迪的狂吠》（*Hurlements en faveur de Sade*）是由黑白屏幕组成的。黑屏时，没有音乐或对话；白屏时，演讲者发表简短评论。屏幕转换的间隔有时长达20分钟。不用说，这部电影并不受观众欢迎。戴博德试图通过打破规则来强制执行的理论，即观众应该与图像互动，在今天仍然很有意义。本章我们将研究一些潜在的打破规则的方法，以及一些强化规则的方法。这些概念只是模板。我们在创作故事时既可以在模板内发挥，也可以尝试超越模板。

———————

① 盖伊·戴博德，法国思想家、导演，情境主义代表人物，20世纪最重要的知识分子革命者之一。

抽象叙事 vs 现实叙事

在着眼于更具潜力的领域之前，我们需要先明确一些基本术语和概念。首先是抽象叙事和现实叙事之间的张力。显然，视觉媒介远远不止是"戏剧的记录"。抽象体验突破界限，激发情感，表达艺术家的无形感受。它们还可以展示特定的效果或图像技术，探索声音、情感和基于其他感觉的想法。抽象体验能以现实无法做到的方式打破主题和结构的藩篱。主题性抽象体验探索叙事和电影概念，而现实性叙事体验通常解决故事和人物的具体问题。抽象和现实之间的界限是模糊的。抽象电影中可以有人物，现实电影中也可以有抽象元素。在现实体验中，观众希望看到作品遵守严格的规则。如果这种体验在本质上是纪实的，我们就不愿意看到导演从镜头后面走出来进行表演。如果是恐怖电影，我们便会期待创作者保留某些形式。在抽象体验中，体裁规则变得不那么重要，简单的感觉成为表达的方法。需要注意的是，抽象体验可以用仿真影像技术来创造，而现实体验可以用艺术动画来创造。这些术语更多表达的是作品采用的概念性方法及其与现实的关系，而不是用于创作的技术媒介。

打破第四堵墙

在传统的戏剧体验中，观众和舞台上的演员之间有一堵无形的墙。表演者无法看穿这堵墙，这让人觉得他们没有意识到观众的存在。这一概念源于传统戏剧，之后被运用到电影媒介中。舞台表演者或演员向观众致意，被称为"打破第四堵墙"。这个概念还依赖于这样一个假设：观众只能透过一堵墙——第四堵墙去观看。即使我们在电影中改变角度或视角，也仍然只能通过单一的物理维度去观察。在沉浸式体验中，观众被置于行动的平面内，不用再透过一堵看不见的墙去观看。表演者仍然可以直接盯着摄影机，这实际上是打破了第四堵墙。尽管在第三人称体验中，这可能会破坏沉浸感，但在第一人称体验中却会增强沉浸感。

回顾性叙事 vs 实时叙事

除了抽象和现实之外，还有一类有助于对故事进行哲学解读的关键词。回顾性叙事是指从回顾的角度讲故事。换句话说，所讲故事并不是在叙述者描述的时候发生的。回顾性叙事有一个潜在假设，即所有事件叠加到一起将导致某种结果或得出某个结论。因为故事是通过回顾来讲述的，所以观众会感觉从故事中获得了经验教训或理解了某种观点。当我们对当下感到好奇时，回顾性叙事会提供"为什么"。实时叙事是指在当下展开的叙事。观众正在经历事件发生的过程。这可能是令人振奋的，但也可能是让人失望的，这是因为体验在结束时可能有意义，也可能没意义。一般而言，体验过程是没什么意义的。有时候故事只是简单的结束，没有戏剧性的结局，也不能让人学到经验教训。通常情况下，观众在实时叙事中拥有第一人称视角。虽然在实时叙事时人们并没有获得现成的意义，但人类大脑能够迅速地创造意义，并不断回顾正在发生的事件，以重新理解仿佛正在显现的意义。实时叙事的时间越长，观众就有越多的信息来创造意义。从整体上来看，在回顾性叙事中，事件具有一定的意义；在实时叙事中，意义在事件中不断展开、变化，并呈现出新的形式。

记忆在回顾性叙事中的作用

研究员凯特·麦克利恩（Kate McLean）在心理学中的记忆和回顾性叙事之间的关系方面做了重要工作。[1] 虽然她的研究对象是青少年，但她表示，绝对有理由相信研究结果适用于更广阔的社交网络。麦克利恩认为，与其说我们是在讲故事，不如说我们是在经历之后参与了记忆叙事。这种记忆叙事创造出了一种关于自己的叙事身份。简言之，在经历一些事情时，我们会试着把记忆串联起来，然后创造一个关于经历的连贯故事。这些记忆可能与实际发生的事情有直接联系，也可能没有。有时记忆更符合叙事概念，能帮助我们理解到底发生了什么。我们的大脑寻找故事，我们需要通过故事来理解世界。在我们的脑海中，真实记忆并没有故事重要。对于希望深入研究这些问题的人来说，加里·法尔曼（Gary Fireman）和特德·麦克维（Ted McVay）的作品是很好的起点。[2] 菲乌什（Fivush）、哈伯马斯（Habermas）、沃特斯（Waters）和扎曼（Zaman）的研究

---

[1]　McLean, Kate. "Late Adolescent Identity Development: Narrative Meaning Making and Memory Telling." *Developmental Psychology* 41.4 (2005): 683–691. Web.

[2]　Fireman, Gary and Ted McVay. *Narrative and Consciousness: Literature, Psychology, and the Brain.* New York: Oxford University Press, 2003. Print.

也可能有所帮助。[①]

环境在实时叙事中的作用

在倾听实时故事时，观众会立即搜索帮助自己融入新世界的信息。环境元素是观众首先遇到并开始处理的图像。"环境叙事"一词在游戏世界中很流行，指的是"将环境属性呈现在玩家空间中，使之成为一个有意义的整体，从而进一步推动游戏的叙事"[②]。游戏设计师长期以来一直强调环境叙事对创造沉浸式体验的重要性。根据麻省理工学院的亨利·詹金斯（Henry Jenkins）的说法，"环境叙事至少为以下四种沉浸式叙事体验创造了先决条件：第一，空间故事可以唤起与现实相关联的叙事联想；第二，空间故事可以提供事件发生的舞台；第三，空间故事可以在舞台布景中嵌入叙事信息；第四，空间故事可以为涌现叙事提供资源"。迈克·谢泼德（Mike Shephard）延伸了詹金斯的思想，他说："许多游戏严重依赖于将叙事信息嵌入舞台布景。这个术语能描述制作中的设计元素，它关注的是布景设计、灯光、服装等如何对叙事产生影响。"

虚拟现实、增强现实和混合现实创作者必须考虑环境在叙事中的作用，只有这样才能创造最具有真实感、沉浸感的故事。我们已经谈了很多关于仿真影像技术对虚拟现实空间中的环境、人物和物体的作用。当然，这种观点因其包含动画和程式化体验而变得微妙。设计环境元素时的关键问题是什么？为什么地面应该是沙子而不是岩石？为什么故事要发生在晚上而不是白天？为什么出现倒下的树之后，角色应该爬过去？树是因什么而倒下的？为什么这个角色不绕着树走？这些问题为叙事设计开辟了新的空间。探索色彩、形状对大脑的影响，以及与各种美学相关的情感的专业书籍卷帙浩繁。对于有兴趣深入探讨的读者来说，帕蒂·贝兰托尼（Patti Bellantoni）的《视觉化叙事中色彩的力量》（*The Power of Color in Visual Storytelling*）是一个很好的起点。

---

① Fivush, Robyn, Tilmann Habermas, Theodore E. A. Waters, and Widaad Zaman. "The Making of Autobiographical Memory: Intersections of Culture, Narratives and Identity." *International Journal of Psychology* 46.5 (2011): 321–345. Web.

② 马赛亚斯·沃奇（Matthias Worch）和哈维·史密斯（Harvey Smith）在 2010 年游戏开发者大会上给出的定义。

被动叙事 vs 主动叙事

把被动叙事和主动叙事并置在一起，可以让我们透过另一个视角理解互动叙事和沉浸叙事。此外，还有很多方法来厘清这些术语。其中一种是在故事中留白，让观众用想象力去填补，使叙事从被动变为主动。这种方法在小说中最有效。把视觉效果应用到叙事中，能填补很多之前的留白。在叙事中加入的视觉效果越多，观众要填补的空白就越少。虚拟现实呈现给观众的影像比迄今为止人们所创造的任何一种叙事体验都要多。这种方法要在虚拟现实中发挥作用，就需要在主题和叙事上留白，而不是在细节上留白。值得注意的是，强大的叙事中通常既有被动叙事元素也有主动叙事元素。被动叙事元素为观众提供导向，它们设置了冲突，并允许以后的叙事中出现主动叙事元素。主动叙事元素通常能让观众长时间保持专注。

第一人称体验中的被动叙事和主动叙事

当我们考虑第一人称体验时，这些概念看起来略有不同。当观众是主角且至少要在一定程度上负责故事创编任务时，被动叙事和主动叙事之间的切换可能类似于舞蹈，其中创作者担任领舞，同时也需要舞伴积极伴舞。正如前文所述，创作者和观众需要共同参与故事创作。从许多方面来看，被动叙事元素在第一人称体验中变得更加重要。它为观众提供了规则，要求观众在既定的轨道上进行体验。它设定了观众的主动叙事选择，引导观众按照设定在空间中看向哪里、触摸什么以及如何行动。

在大多数叙事方法中，实现主动叙事元素与被动叙事元素的平衡极其重要。平衡在实验性的故事结构中有更大的意义，尤其是在第一人称的实验性体验中，因为其中可能没有线性故事。创作者可以选择剥夺观众对结构叙事的熟悉感，但必须提供一些具有引导性的东西，如叙事碎片或者掌控力，以便观众创造所需要的意义，从而愉快地进行体验。

被动故事与主动故事中的具身化

我们必须区分两种故事，一种是允许头脑中被动或主动想象的故事，另一种是允许身体执行头脑中被动或主动想象的故事。随着技术的发展，体验不再局限于简单的室内空间，将具身化融入虚拟现实、增强现实和混合现实的体验将越来越重要。在最早的虚拟现实体验中，观众只能透过眼睛看到自己在虚拟空间里，他们无法向下看到自己的身体，沉浸感不足。后来，观众得到了"魔杖"和其他工具，获得了一定的掌控力。最终，他们可以看到手并作出反应。在不久的将来，多感官体验的虚拟空间技术将会出现。从整体上来说，越深入地让观众沉浸在自己的身体中，即在虚拟空间中实现具身化，故事就越有影响力。未来环境中的叙事将带来我们无法想象的新挑战。随着该领域的发展，关于风险、伦理和主动叙事的讨论也会更加细致。至于这一新兴领域的其他方面，实验、错误和体验将是我们前行的导航和指南。随着技术具身化体验潜力的增长，观众对主动叙事和被动叙事之间的平衡的期待也可能发生新的变化。

聚焦故事：Oculus 故事工作室怎样讲故事

杰茜卡·沙玛什，制片人

皮特·比林顿，沉浸故事创作人

杰茜卡·沙玛什（Jessica Shamash）曾在皮克斯担任人物故事片与灯光故事片的协调员。她目前是 Oculus 故事工作室的制片人。皮特·比林顿（Pete Billington）在娱乐设计和特效领域从业 15 年，曾在梦工厂动画公司担任数字主管，目前在 Oculus 故事工作室担任沉浸故事创作人。

约翰·布赫：　你们能不能以讲故事的方式谈谈你们的工作背景？

杰茜卡·沙玛什：至少对我来说，我想涉足电影的原因是，在孩童时期电影就对我产生了巨大影响。它使我能够理解电影人物，感受不同的情绪，体验不同的世界。它是如此鼓舞人心。既然有人能给我这么大的启发，那我也想投身故事领域为别人做同样的事，所以我拿到了电影学位。整个教育经历中最棒的部分是学习编剧。毕业后，我加入了皮克斯，在那儿工作了 4 年。在皮克斯工作一直是我的梦想，因为在那里故事至上。大约一年前，我和 Oculus 的人沟通，他们在寻找项目制作管理人。现在我在这里和皮特这样的导演一起开发虚拟现实电影。

约翰·布赫：　你呢，皮特？

皮特·比林顿： 我很小就接触了创作过程，这要感谢我的父母。我的父亲是狂热的电影爱好者，所以我总是被伟大的电影包围。20 世纪 70 年代末，我家有一个 LaserDisc 播放器，那在当时是一件很疯狂的事情。这些给我开了个好头儿。我很喜欢星战宇宙，并设定了目标，有朝一日要为乔治·卢卡斯（George Lucas）工作。但实现目标的路径是随机的。我早期的工作之一是在天行者牧场①工作。与此同时，我在几个高科技领域（如计算机图形学）工作。这些经历最终引导我走向了虚拟现实。21 世纪初，我有很长一段时间和罗伯特·泽梅基斯（Robert Zemeckis）共事，看他制作故事。我也与史蒂文·斯皮尔伯格（Steven Spielberg）共事了一小段时间。我有很多了不起的榜样可以学习，他们帮助我了解了故事的构建和演变。最后，我非常想讲自己的故事，也有机会在视觉效果、动画和真人表演中发挥作用。这也为虚拟现实叙事提供了灵感。我理解了虚拟现实的真正含义。它不是游戏，也不是电影，它是游戏和电影之外的一个存在。我们正在努力对其进行探索。我对创造世界极富热情，既要在叙事上创造拥有强大人物的世界，也要创造一个能够支持这个世界的错综复杂的宇宙。这是用虚拟现实来讲故事的另一个好机会。

约翰·布赫： 饱满的人物和动人的故事之间的关系是什么？

皮特·比林顿： 我认为动人的故事能激发观众丰富的情绪。我们只有先与人物产生共鸣，才能与整个故事产生联系。那个我们能与之建立深厚联系的人就是通向故事的大道。在组织故事结构时，我们需要关注故事的具体细节。这与情绪弧线有关，而情绪又是依从节拍的。我所掌握的能实现这一点的唯一方法就是理解一个特定人物或他所处的环境。从最细微的层面来看，叙事是对人物的情绪化反映，即如何观察和看待人物之间的相互作用，以及在虚拟现实的背景下，如何把自己的情绪与人物的情绪联系起来。

杰茜卡·沙玛什： 我认为通过人物建立联系非常重要，这能够影响人物的深度。

---

① 天行者牧场位于美国加利福尼亚州，是卢卡斯影业的制作基地，也是全球顶尖的影视制作工作室。——译者注

人物越有深度，故事就越容易被理解。在电影《外星人》（*E. T.*）中，人物是脆弱的。你之所以会与之产生共鸣是因为你在现实生活中认识这样的人，或者你自己曾经有过这种脆弱的感觉。

约翰·布赫： 目前虚拟现实有两种方法：一种是观众就像场景中的幽灵，只是在观察正在发生的事情；另一种是观众是故事的主角，这是我们在一般的电影中无法获得的体验。电影屏幕上的人不知道人们在看着他们。在沉浸式戏剧中，演员非常清楚观众的存在，但它仍然是故事，仍然是叙述性的，而非现实。你们能谈谈沉浸式叙事中的掌控力和交互性吗？

杰茜卡·沙玛什： 我认为这将是未来有关虚拟现实叙事最令人惊喜的事情之一。人们在故事中的参与度会更高。就像我们已经体验过的沉浸式戏剧一样，你会遇到那些一对一的时刻，你会改变或者影响叙事的走向。那是独属于你的东西。在有些时刻，你会不断回到叙事中，你会影响叙事，这就是虚拟现实叙事真正的机会所在。

皮特·比林顿： 我认为一部分虚拟现实叙事回归了叙事的根本。我一直在想，最初人们是如何围着篝火讲故事的，这与我们在虚拟现实中体验到的与一个人的联系更为相似。客观地说，电影是达到目的的一种手段。我们其实是在寻求一个能够讲述最大故事的方法。虚拟现实叙事也有局限性。篝火旁的亲密感、讲故事、融入其中、用想象力填补空白，这些都更加强大。那种讲故事的形式有一些非常根本的东西，我们现在才刚刚开始理解。

对于是做幽灵还是做主角，我们的思考还不够深入。我们先做简单的事情，因为这些还没人做过。但是我认为会有那么一天，既不必给这些类型的体验贴上标签，也不必把它们作为特例孤立起来，以免觉得别扭。我们不希望虚拟现实被完全局限于虚构演员的体验。我认为，当越来越多的人探索不同的想法时，我们很快就会解决这个问题。

约翰·布赫： 雷尼·笛卡儿（René Descartes）提出了一个我们称之为笛卡儿二元论的观点，即身心的分离。他认为我们的精神有可能与身体是完全分离的，因而意识也是与身体分离的，这就让我们想到也许可以把意识下载到计算机中。在一些虚拟现实体验中，我们没有身体，却仍然有意识，可以理解周围发生了什么。你们如何看待虚拟现实中身心之间的关系?

皮特·比林顿: 关于这个问题，我们做了很多研究。我们经常和行业外的人士探讨，诸如感知以及手与身体如何联系的问题，因为那是我们此刻首要的物质存在。总的来说，我对存在的感觉是，在体验中添加的层次越多，体验的程度就越深。所以体验可以是感官上的，因为我们有眼睛可以看，有耳朵可以听。我们可以通过让你做任务给你空间感。手和身体在这个空间里被联系在一起，能赋予人更多的掌控力。

对我来说，在虚拟现实中，有意识的身体联系得到了强化。我们在开发内容时越是能认识到这一点，就越能感受到更深层次的存在。我把它比作尽可能地插入多个端口。一个环境音轨，一个对话音轨，然后是在远处发生的事情（这是在屏幕外发生事情的另一个迹象），所有这些层次都让人越来越深地进入沉浸状态，进入自我的存在状态，从而能够屏蔽其他一切，忘记体验之外的世界。我一直在回顾早期的艺术形式（包括舞台艺术），因为我认为它们是相互关联的。我们希望做一些事情来使观众相信：你完全是故事的一部分。我认为人们在定义边界时应该更激进一点。当将立体3D技术引入电影时，我看到了一模一样的事情。詹姆斯·卡梅隆（James Cameron）提出了七条"你永远不能打破的规则"。五年后，每个人都在打破这些规则。这是因为在立体3D技术发布时存在一种巨大的偏执，即每个人都认为我们会再次看到20世纪80年代的3D版《大白鲨》（Jaws），每个人认为那是很糟糕的。所以自动审查什么是可能的、什么是不可能的、什么在虚拟现实中好、什么在虚拟现实中不好，现在不一定有益。希望这些边缘因素能继续推动时代的发展。

约翰·布赫: 你对社交虚拟现实在叙事方面的作用有什么看法？这在未来会很重要吗？

皮特·比林顿: 我在电影院看《精灵》（Elf）时有一次奇妙的经历。我看了两遍。第一遍看是在日场，人很少，我觉得很乏味，没什么意思。然后我在一个周五的晚上又看了一遍，影院里人很多，我觉得电影非常搞笑。这里就有社交因素的存在，即影院环境实际上改变了我的体验方式。我想这是影院老板很早就知道的事。从某种程度上看，人群动态对作品的成功与否至关重要。我认为，最终的"圣杯"①是人们共同参与故事，并在故事中合作。你可以想象和朋友置身于《七宝奇谋》（*The Goonies*）的故事里。这是《龙与地下城》（*Dungeons and Dragons*）式的故事叙述方式的演变。你和一群朋友一起，共同经历一个故事，每个人扮演一个角色，这就是《头号玩家》（*Ready Player One*）的概念。

约翰·布赫： 我们来谈谈伦理问题。HBO 神剧《西部世界》（*Westworld*）里有一句台词，是一个角色问另一个角色他们是否是真实的。她的回答是："如果你看不出来，那还有什么区别吗？"我认为这是我们这个时代很重要的问题。

皮特·比林顿： 区别会越来越大。我曾经读过《连线》（*Wired*）杂志上的一篇文章。作者说她去玩《侠盗猎车手》（*Grand Theft Auto*），撞倒了 30 名行人。关掉游戏后，她完全不必担心，可以继续过自己的一天。但当你分辨不出哪些人是真哪些人是假时，你是否会有某种道德上的压力呢？如果你不确定那些人是否是真实的人，那意味着什么呢？

人们喜欢创造与现实难以区分的东西，但是作为一个讲故事的人，简单地复制现实会很乏味。这是一个关于存在的问题，我认为在某些时候的确存在这样的道德问题。你的故事试图唤起人性中的什么呢？你是给这个世界带来了美好，还是带来了负能量？

约翰·布赫： 是否存在故事讲述者的责任这一概念，或者说故事讲述者的责任仅仅是讲好一个故事，然后让听故事的人自己去诠释吗？

皮特·比林顿： 这个问题很难回答。有些艺术家会说，他们只忠于自己，为自己创作，如何诠释是别人的事。有些人就是这么定义艺术的。但是对于我个人而言，我非常清楚我希望观众如何感受和思考我所创作的故事。这是有意识的行为。我坚信自己应该为创作负责，我认为这是艺术家的个人选择。

---

① 理查德·沃尔什（Richard Walsh）、玛丽 – 劳雷·瑞安（Marie-Laure Ryan）等理论家不约而同地使用了"圣杯"一词来描述对叙事与互动媒介、沉浸与交互等概念融合的愿景。——译者注

杰茜卡·沙玛什：我和皮特的想法一致。我对自己创作的内容负责，但有些艺术家对此毫不在意。对我而言，创作者应该对故事负责，在走进虚拟现实世界时尤其应该如此。

约翰·布赫：大多数研究编剧和故事创作的人都喜欢采用亚里士多德式的叙事方式，遵循着基本的三幕式结构，有些人则偏爱特定的节奏、顺序或四幕式。这些方法如何适用于虚拟现实？

皮特·比林顿：在我看来，三幕式并没有退出历史舞台。目前的叙事局限于特定的规模，还没有任何一个虚拟现实的项目超过 2 亿美元的预算，这意味着它肯定不到 2 小时。目前它是一种社交体验。在很大程度上，节奏决定了为什么戏剧总是三幕式结构的。一个人在大剧场的凳子上坐多久才会去洗手间？

就讲故事以及听故事的习惯而言，我认为不能完全抛弃它。有趣的是，当交互性发挥作用时，这种情况要如何改变。特定的节拍结构现在还不一定适用，因为我们没有足够时长的制作来支撑。你可以试着缩短、移动它们，这可能是个好的开始。有很多故事已经成功地利用了这种模式，我们应该经常温故知新。我赞同约瑟夫·坎贝尔（Joseph Campbell）的观点[①]，他认为我们在不断地讲述同一个故事。我认为这是一个指南。

我倾向于讲神话故事。我认为柏拉图的洞穴之喻也是绝对准确的。当我们第一次看到虚拟替身时，谈论的是面具和我们戴着的面具，即如何在别人面前表现自己，尤其是在社交场合。我也认为置身于具体空间是人类的一个普遍属性，因而它相较于某种具体文化的节奏语言、结构语言或创作语言来说，更易于理解。你把人们放入一个空间内，在大多数情况下，人们对那个空间的理解是共同的，是一样的。

约翰·布赫：杰茜卡，你能谈谈虚拟现实中的性别问题吗？男性和女性在虚拟现实中的感知是否存在差异？这是否是一个试穿别人皮肤的好机会呢？

杰茜卡·沙玛什：我认为这的确是试穿别人皮肤的绝佳机会。我们不仅能体验作为一个女人的感觉，而且能体验作为少数民族一员的感觉，还

---

① 约瑟夫·坎贝尔提出了单一神话理论，或被称为"英雄之旅"的叙事原型。——译者注

能体验作为一个同性恋者，带着伴侣，走在街上时人们对你的反应。虚拟现实有助于我们对人与人之间的不同之处产生共情。因为能够通过别人的眼睛看世界，所以我们对此探索得越多，让越多的人接触到这一点，我们就越能产生共情。

杰茜卡·沙玛什和皮特·比林顿提出的概念

1. 我们通过与角色产生共鸣和故事产生联系。
2. 虚拟现实叙事与观众内在的某种原始元素是相连的。
3. 游戏体验包含的层次越多，玩家的沉浸感就越深。
4. 未来的虚拟现实叙事将更具社交性。
5. 在虚拟现实及相关技术的创建过程中，需要考虑伦理因素。
6. 创造虚拟现实故事时不应抛弃三幕式结构。
7. 虚拟现实故事能够让人沉浸式地体验不同性别、不同民族、不同文化的人的人生历程，从而更好地共情。

总结观点

沙玛什和比林顿围绕虚拟现实叙事介绍了各种不同的概念，我们可以将其统归为沉浸感的问题。我们可以通过与角色共情，让角色更加逼真、更加人性化，从而获得沉浸式体验。此外，叙事的层次也能使角色更逼真和更易于理解。我们与亲友分享角色的次数越多，对角色的体验就越多，获得更强沉浸感的机会就越大。我们的思想和身体创造了不同的情绪。对于准备在这一新兴领域讲故事的创作者来说，理解情绪表达以及构建叙事是至关重要的。

4 沉浸式空间的叙事原则

一窥沉浸式戏剧

在众多可以教给我们虚拟现实潜在叙事原则的领域中，沉浸式戏剧是最有帮助的。沉浸式戏剧的源头可以追溯到 19 世纪现代戏剧的开端。在现代背景下，大量的实验性和交互性戏剧及其艺术理论，都是围绕着 20 世纪 30 年代约翰·杜威（John Dewey）① 的《艺术即体验》（*Art as Experience*）构建的。杜威将艺术作品的意义从艺术作品的"表现对象"（expressive object）中剥离。他认为留在观众心中的是对意义的体验，而不是物体本身的形象。杜威从功能心理学出发，围绕着艺术对观众的生理和心理的影响来构建他的作品。受其影响，许多创作者改变了创作思维，从以对象意义为基础进行创作转向体验，这也为沉浸式戏剧以及虚拟现实体验打开了大门。即使是传统戏剧也会不时地使用一些沉浸式或交互式元素。1985 年，托尼奖最佳音乐剧《埃德温·德鲁德之谜》（*The Mystery of Edwin Drood*）要求观众投票决定是谁杀死了其中一个关键角色，产生了七种不同的结局。几十年来，诸如演员与观众相呼应等交互式元素时兴时衰，但创作者一直渴望让观众更深入地沉浸在戏剧体验中。

有人将当前沉浸式戏剧运动的爆发式发展归功于《不眠之夜》（*Sleep No More*）。这是一部 20 世纪 30 年代在纽约上演的黑色戏剧，

---

① 约翰·杜威，美国著名哲学家、教育家、心理学家，实用主义的集大成者，也是机能主义心理学和现代教育学的创始人之一。

改编自莎士比亚的《麦克白》（*Macbeth*）。沉浸式戏剧的决定性特征是打破了前面讨论过的将表演者从身体和言语两个层面与观众分开的第四堵墙。一些业内人士表示，"沉浸式"这个词流行的主要原因有两个。米哈埃尔·塔拉·加弗（Mikhael Tara Garver）阐述道："第一，我们的观众正处于一个二维（这里也可理解为图像）超载的文化时刻，他们渴望新的体验方式。第二，从线上购物到网络交流，观众已经参与了非层级互动。人们在谈沉浸感时，总是在谈两件事，即多重体验和应答自由。"

我们用于研究包括沉浸式戏剧在内的沉浸式媒介的方法之一，就是认为它是创造"真实生活"体验的一种媒介化尝试。这些体验力求复制在特定情况下人们所熟悉的声音、图像和感觉。例如，当坐在城市公园中时，我们会听到周围环境的声音——风从旁边吹来，孩子们在附近玩耍，一只苍蝇在耳边嗡嗡作响，飞机从头顶飞过，还有其他各种更细微的声音在三维空间里环绕。在媒介化的沉浸式体验中，这是通过音效、表演者的声音其至录制的声音完成的。这些声音唤醒我们的情感，将我们带到现实中可以自然获得这些情感的地方。

被压迫者剧场

在研究沉浸式戏剧有何裨益时，我们可能找不到比被压迫者剧场（Theatre of the Oppressed）更好的模板。它是由巴西戏剧制作人奥古斯托·博尔（Augusto Boal）于20世纪50年代创作的，展现了受保罗·弗莱雷（Paul Freire）影响的戏剧形式。博尔以创新的技术方式让观众参与其中，间接促进了社会改革和政治变革。在被压迫者剧场里，观众转化成观演者（spect-actors）。他们探索、展示、分析并化身为剧中人物。这个活动以观众和表演者之间的对话和互动为基本理念，展现出沉浸式戏剧的独特之处。

在这些体验中，作品的结构是围绕着中立的一方展开的。这个中立的一方成为戏剧行动的中心。表演者通常被称为"引导者"，他们负责组织和指导体验，但从不评论或干预表演本身。这是观演者的领域，他们既是观众，又是在进行体验的演员。这一方法背后的哲学是消除一个概念，即统治阶级将他们的思想强加给观众，从而使观众成为统治思想的受害者。换句话说，作品的思想和主题被直接给予观众，他们可以自由地思考和行动，而故事中的人物最终成为观众的替代品。这一哲学被广泛应用于虚拟现实、增强现实和混合现实中，并与之产生连绵不断的联系。现在，大多数现代城市中都有沉浸式戏剧。新兴的沉浸式叙事媒介的创造者也应该好好对此进行研究。

实验艺术装置

珍妮特·卡迪夫（Janet Cardiff）和乔治·布雷斯·米勒（George Bures Miller）的装置作品为沉浸式作品创作者提供了有意思的概念和想法。1995 年，在温哥华展出的作品《暗池》（The Dark Pool）中包含一个灯光昏暗的房间。创作者对房间进行了精心设计，并安排了各种手工艺品和道具。当观众在空间中移动时，从音乐选集到对话片段再到围绕物体的叙述，各种各样的声音都会被触发。《天堂学院》（The Paradise Institute）是他们最著名的作品之一，于 2001 年在威尼斯双年展（Venice Biennale）上展出。它聚焦电影体验，由一个复制的迷你电影院组成。观众爬上一个很短的楼梯，进入一个豪华的双排剧院，然后就能在一个布置得类似电影黄金时代的电影院的楼厅中观看电影。电影开始后，耳机为电影提供了声音，但耳机里传来的手机铃声和人们的窃窃私语声也会干扰观众。创作者运用超视角为观众打造沉浸感，即通过操纵和调节观众的视角来创造逼真的体验。在这些装置中，音频成为引导观众注意力的主要组件。如果观众觉得某个音频片段具有重要意义，而非仅仅与剧情相关，那么他们会倾向于朝声源方向看去，即使演员在观众的视线范围内清晰可见。现在，虚拟现实创作者也经常使用这些技术来吸引 360 度开放世界中的观众的注意力。正如之前在博尔特和格鲁辛的作品中所讨论的那样，这些装置为用户提供了他们渴望的即时性，并有可能将这种体验转化为超媒介性。人们从卡迪夫与米勒的作品中获得了初步想法，了解了观众在诸如虚拟现实等媒介化的沉浸式环境中的反应。

主题公园景点

另一个驱使观众对沉浸式体验产生期望的行业是主题公园。体验式景点为游客提供了机会，让他们从单纯的观众变成冒险的积极参与者，并且相对安全，尽管依然会有晕动症。当然，晕动症在虚拟现实体验中也是一种风险。与传统戏剧或电影体验呈现给人们的不同，主题公园的景点是人们单独或以小组形式体验的。此外，与许多其他娱乐体验相比，这种体验时间相对较短，即主题公园致力于给观众提供一些短暂的体验，而不是两小时的过山车。目前，虚拟现实体验的时长在近似主题公园项目游玩时长的情况下，效果最好。

有一天我们可能会看到与长篇电影类似的虚拟现实体验，但前提是观众对涉及他们身体沉浸感的体验已经建立了自己的步调、节奏，甚至容忍度。主题公园建立了一些被动式景点，如表演和展览，让游客逃离主动体验所带来的沉浸感。尽管虚拟现实与主题公园之间存在着显著差异，但其相似之处足以帮助我们挖掘出在推进新技术发展的过程中应该尝试的方法和原则。

非线性叙事

非线性叙事的产生有两种情况，一种是事件不按时间顺序展开，另一种是事件不遵循因果关系。人类的记忆结构和回忆往往是非线性的，非线性叙事通常是为了模仿这一过程而存在的。研究表明，即使是以非线性的方式讲述故事，也必须遵循线性逻辑。[①] 因为观众常常使用互联网上的超链接媒介，所以他们对非线性叙事显得更熟悉、更适应，这也使其他媒介中的非线性叙事变得更加普遍。许多沉浸式戏剧依赖于非线性叙事，同时仍然坚持使用叙事的其他基本形式，如通过设置一个主角或一个能使人产生共鸣的角色来吸引观众。现有的虚拟现实体验（或者说即将出现的虚拟现实体验）基本都遵循叙事原有的规律，其中时间顺序和因果关系所起的作用较小。从整体上来看，成功的关键是对线性逻辑的持续依赖——那些心理学中的固有元素是参与体验所必需的，而正如前所述，设计者必须为观众提供一些东西来引导其特定的体验。

---

① Martens, Chris, João F. Ferreira, Anne-Gwenn Bosser, and Marc Cavazza. "'Linear Logic for Non-Linear Storytelling,' ECAI 2010–19th European Conference on Artificial Intelligence," in Coelho, H., Studer, R. and Wooldridge, M. (eds.) *Frontiers in Artificial Intelligence and Applications*. Pittsburgh: IOS Press. pp.1–7.

聚焦沉浸式戏剧：沉浸式叙事

诺亚·纳尔逊，《无舞台播客》的创作者和主持人

诺亚·纳尔逊（Noah Nelson）是《无舞台播客》的创作者和主持人。该节目专注于交互式和沉浸式戏剧。

约翰·布赫： 我们先谈谈科技时代的"体验"一词的概念吧。无论是体验式戏剧还是体验式叙事，人们为什么会渴望更深层次的体验？从迪士尼到科技界，为什么"体验"这个词会出现在每个人的口中？我们现在需要的体验是什么呢？

诺亚·纳尔逊： 我认为我们之所以能谈论它，是因为终于有了谈论它的方法。我们只有看到它，才能谈论它，而我们一旦有了语言，就看到了它。现在我们有了这种新的语言，于是就对它着迷了。这并不意味着没有其他需要考虑的事情，也并不意味着它是万能的，但它仍然是一个非常强大的工具。这些都是人们一直在做的事情，但直到现在我们才有合适的语言来探讨和下定义。我们谈论故事，谈论模因①。当使用"内容"这个词时，我碰巧会有一种可怕的过敏反应。我们开始以工程师的视角来看待世界，并用设计师的经验来理解工程师的视角。已故的布赖恩·克拉克（Brian Clark）发表了一些关于现象学的精彩演讲。我们知道了事情的最终集合点都在观众和参与者的大脑中，这一切都是"有条件的体验"。

如果牢记这一点，我们就可以为观众提供最佳体验，让他们按照创作者的想法思考，或者以违反惯例的方式操纵他们，抑或在沉浸式戏剧中引入更多的感官体验，诸如声音——这在虚拟现实世界中非常重要——因为声音是注意力的主要驱动力。为了让某个人转身，你需要使用声音。双耳音频已经存在一段时间了，而随着这些沉浸式体验的出现，它会越来越受欢迎。

约翰·布赫： 我想展开谈谈关于音频的问题，因为我觉得有些音频可能具有一些早期交流形式的特性。当记忆和故事都在被口耳相传时，声音是非常有说服力的。早在以戏剧的形式表演故事之前，故事的讲

---

① 模因是指通过模仿而非遗传的方式传递的观念。该词最初源自英国著名科学家理查德·道金斯（Richard Dawkins）所著的《自私的基因》（*The Selfish Gene*）。

述就已经存在了。任何了解现代故事理论的人都能感觉到，我们已经没有给人讲故事的想法了。你觉得我们是在重拾那些古老的讲故事的方法，还是会以一种完全不同的方式来创造故事？

诺亚·纳尔逊：我认为我们并没有真的在讲故事。电视没有淘汰广播，广播没有消灭书籍，虚拟现实也不会扼杀电影。如果有的话，也是一种复兴的机会，我们能够重新发现一些工具。播客将重新发现广播，以沉浸式音频景观的理念来通过广播讲故事。在《坠落的爱丽丝》（*Then She Fell*）这样的沉浸式戏剧中，讲故事是游戏的一部分，而有些部分只是在讲传统老套的"睡前故事"。

我更感兴趣的是，互动是如何回归原始叙述的。我遇到的跨媒体创作者总是会说"交互式叙事是这个"或"交互式叙事是那个"，这对他们来说是一个全新的领域。我则会说："我小时候，妈妈给我讲故事，这就是互动。"我会问："这个怎么样？""狗怎么了？"然后，妈妈会说："是狗干的。"互动由此产生。因此，讲故事的人和观众之间的关系存在可塑性。你可以在角色扮演游戏中发现互动，也可以在即兴表演中发现互动。互动在网络阶层中无处不在。但这在很大程度上也是隐形的，因为你不能直接将体验变现，而必须以某种方式创造一套既有规则，然后把它销售出去。角色扮演游戏就是这样做的。他们创造了一个世界，并把这个世界出售给你。任何听过《龙与地下城》规则的人都会在五秒钟内离开，然后制定自己的规则。你必须说服人们以不同的方式购买这些工具，但网络阶层是存在的。

虚拟现实有趣的地方在于你每时每刻都处于景观之中。只要戴上头盔，你就即刻与正在展开的故事世界建立了联系。目前的问题在于故事讲述者是否解释了这种联系。我确信有些人正在进行相关的工作，预计在一个月之后亮相。有些人则会研究基于头部转向触发事件的问题。我认识像杰茜卡·布里尔哈特这样的人士，他们正在探索吸引注意力的方法，并通过剪辑注意力点创造焦点，从而在虚拟现实环境中观察剪辑的实际效果。当 OZO[①] 发布的时候，我终于看到了对动作和焦点的剪辑，其中一部分体现出了剪

---

① 目前最先进的虚拟现实摄影平台，能够捕捉 360 度全方位的音频和视频。

辑的意义，并成功抓住了观众的注意力，进而带领观众进入了下一个新阶段。

我想，最初有些人沉迷于这样的想法："他们可以看任何地方，我不会限制他们。"我会回答："是的，但是如果你没有捕捉到紧张感，就没法讲故事。"不同的互动会有不同的结果，就像同样是沉浸式戏剧，《不眠之夜》与《坠落的爱丽丝》之间有着很大的不同。前者是一种沙盒式的体验，你可以去任何想去的地方；后者则引导你从一个点到另一个点。它们都抓住了你的注意力，至少在你所在的空间中利用某些方式引导了你的注意力。

约翰·布赫： 虚拟现实故事讲述者能从存在已久的沉浸式戏剧中学到什么呢？

诺亚·纳尔逊： 简单说，什么都学得到。这句话我其实已经说了好几年了。我知道我不是唯一这么说的人，但看着其他人也开始这么说，我觉得很有意思。我认为他们能够学到最多的、最根本的是对空间的利用，包括演员与物理空间的关系、观众与物理空间的关系，以及观众与虚拟空间的关系。在我看来，虚拟现实电影制作者做错的第一件事情就是放错了摄影机的位置，或者说拍摄对象和摄影机之间的距离有问题。他们做错的第二件事情就是没弄清视野的限制。一切问题的症结都在于空间中的身体以及重新获得的 Z 轴。我还想谈谈这一代 3D 电影失败的原因。似乎只有詹姆斯·卡梅隆对 3D 电影中的 Z 轴有一种与生俱来的感觉。这并不是说电影制作者不懂 Z 轴，但 Z 轴与二维摄影机的景深和三维摄影机的景深有着不同的关系。这是一个非常不同的工具。那些还没有接受 3D 技术的电影制作者对此十分傲慢，觉得："我知道 Z 轴的工作方式，我知道如果我这么做会发生什么。"但事实是你在三维空间并没有成功过，也没有指导过具体的舞台表演。这种设计理念会使空间里的一切都有依据，从而产生一种高度的现实感。就像在《星球大战》的故事世界中，每件事都有其背景。虚拟现实世界里的一切事物都有其存在的理由。你要弄清楚这些理由。如果想不通，要么把它迁移出去，要么再创造一些别的东西。我们需要赋予虚拟现实意义，而人们也需要意义，这就是我们讲故事的原因。人们想要理解这个新的世界。

约翰·布赫： 现在大多数人都是通过头盔来获得虚拟现实体验的。我们显然会在某一时刻摆脱这种设备——这极有可能。但是，什么时候我们才能不再叫它虚拟现实，而只叫它现实呢？

诺亚·纳尔逊：有远见的人都在朝这个方向努力，大家都非常关注这件事的伦理问题。有些技术最终有望实现以假乱真，到那时，在某些层面上你就不会再叫它虚拟现实了。它会成为现实世界的一部分，就像互联网越来越多地成为现实世界的一部分一样。

《美联社写作风格指南》已经不会将"互联网"这个单词的首字母大写了。当然，我不喜欢这样，我还是喜欢把它当成一个专有名词来看待。这主要是因为我是20世纪90年代的人，我们喜欢在一切事物上使用大写字母。从未来的现实来看，虚拟现实就像从水龙头里流出的水一样自然。比如说，这家咖啡馆有一个自动数据层，我只需轻敲隐形眼镜，然后看向收银机，挥挥手，就能支付账单。许多游戏都在弄清楚什么是手势和非手势语言，这样能够避免让玩家以愚蠢的方式访问自动数据层。

这是沉浸式戏剧的趣味之一，它正朝着远离数字工具的方向发展。你也可以在慢食运动和第三波咖啡店的复兴中看到这一点，看到那种远离屏幕的渴望。我们过去上网是为了逃避现实，现在我们走进现实是为了逃避网络。换句话说，世界上最有价值和最危险的东西同样都是停机键。

约翰·布赫：你能谈谈虚拟现实与孤独的关系吗？

诺亚·纳尔逊：这个问题在于科技能走多远，触觉技术能发展到哪一步。当我戴上数据手套，有人在虚拟现实中触摸我的手时，那感觉就像真的有人在触摸我的手一样，这需要多久才能实现？如果能感觉到别人的触碰，那么一些存在主义的孤独感就会消失，但技术不一定能实现所有的刺激功能。它能做出味道吗？能制作出另一个人的手的温度吗？能做其他事情吗？在这么做之前，在内心深处，你知道那不是真的。事实上，我认为我们现在意识到了人与人之间是多么疏远，我们想让自己回到现实中去。有些人一边说着事情不是真实的，一边又试图向我们推销"真实"，这就显得很奇怪。我们正在寻找真实的东西，可现在它成为一种奢侈。这的确是个世界性的问题，而我只想要得到一份真实的体验而已。

约翰·布赫：　　我们是否会面临笛卡儿的所谓"缸中之脑"（brains in vats）[①]的危险？会不会只要疯狂的科学家向我们发送电极，我们就会认为自己正在经历原本不存在的现实？

诺亚·纳尔逊：我们怎么知道这样的事还没有发生呢？技术越来越强大，我们也越来越难避免此类事的发生。与此同时，人类一代比一代精明。我在 20 世纪 90 年代末，"9·11"事件之前，读过雷·库日韦尔（Ray Kurzweil）的一本书。我记得他的衡量标准是"完美的转录"（perfect transcription）。我们现在还没走到那一步。我不相信完美的虚拟现实，因为它总是比预期要花更长的时间。

诺亚·纳尔逊提出的概念

1. 声音是注意力的主要驱动力，应该在虚拟现实叙事中加以利用。

2. 沉浸式叙事是形式的回归，而不是形式的创新。

3. 虚拟现实的剪辑应该成功吸引观众的注意力，从而使他们进入新阶段。

4. 演员、观众与空间之间的关系是创造沉浸感的关键。

5. 虚拟现实故事体验中的每个元素都应该有存在的理由。

总结观点

诺亚·纳尔逊坚定地认为，从墙的颜色到观众的视角，每一个叙事决策都应该有其动机。否则，创作者将错失为故事增加深度的机会。基于虚拟现实技术的发展水平，在创造这种体验时，创作者对细节的重视程度往往不够。创作者必须避免这样。沉浸感其实

---

①　缸中之脑是希拉里·帕特南（Hilary Putnam）于 1981 年在他的《理性、真理与历史》（*Reason, Truth and History*）一书中阐述的假想。"一个人（可以假设是你自己）被邪恶的科学家施行了手术，他的脑被从身体上切了下来，放进一个盛有维持脑存活营养液的缸中。脑的神经末梢被连接在计算机上。这台计算机按照程序向脑传送信息，以使其保持一切完全正常的幻觉。对于他来说，似乎人、物体、天空都还存在。这个脑还可以被输入或截取记忆（截取掉关于脑手术的记忆，然后输入他可能熟悉的各种环境、日常生活）。他甚至可以被输入代码，'感觉'自己正在这里阅读一段有趣而荒唐的文字。"有关这个假想的最基本的问题是："你如何确保你自己不是在这种困境之中？"

非常脆弱，随时可能被打破。为体验中的每一个创造性决策提供理由，能减少沉浸感被打破的可能性。虚拟现实技术对叙事的要求可能比其他任何媒介都高，我们绝不应忽视或掉以轻心。

5 设计沉浸式叙事

广告行业中有句老话，是说在项目开始时你需要问两个问题，第一是"谁是我的受众"，第二是"我想让受众获得哪些讯息"。我们将进一步讨论这些问题，并增加其他思考角度。这些问题将引向一些基本问题，并作为过滤器被应用于潜在叙事中。

如果这些问题能在项目早期阶段得到明确的解决，那么虚拟现实体验将受益匪浅。尽可能具体地回答这些问题有助于在后续过程中节省资源。许多项目之所以被放弃，是因为这些问题在一开始没有被关注和解决。你应该对受众的情况有基本的了解，并仔细研究受众的喜好。大多数创作者都想得太多，希望受众能够完全体会他们的想法或思想。然而，其实哪怕有一个受众能从中体会到哪怕一个想法，他们就应该感到幸运。

确定受众

大多数项目都有多个受众。重要的是，我们需要为每个项目确定其主要受众，而其他受众可能只是次要受众，甚至是外围受众。主要受众的特征应该越具体越好。一般而言，项目目的很可能与受众交织在一起。如果项目在本质上是商业性的，那么主要受众则是最有可能购买它的人群。接下来，我们就可以更详细地讨论项目目的，甚至进一步将重点放在从一般人群中解析出小范围的主要受众。目前，很多营销书籍都提供了人口统计的分类方式，这显然对设计故事很有帮助。然而，定量方法可能没有简单的定性方法有用。我们可以先设想最有可能购买或欣赏自己项目的人群，然后在创作过程中着重关注具体的人。这样往往就能创作出成功的故事。

我们一旦开始为具体的受众进行设计，下一步自然就会思考他们的所做、所思、所想。

确定目的

任何项目都可能有多重目的。例如，项目可能是商业性的，也可能是娱乐性的。就像确定受众一样，创作者在设计时还需要确定主要目的，以及次要目的和外围目的。项目中有时会有某些部分需要一个目的胜过另一个目的。如果没有一个主要目的作为决策指导，决策过程将会非常痛苦。如果有几个利于沟通的关键想法，那么优先考虑它们，这样至少可以为你的故事发展提供结构。然而，虚拟现实叙事中的故事缺失不常出现在技术开发阶段，而往往出现在故事创作过程中。在没有确定故事目的的情况下就开始勾画人物、环境，设置情节线，虽然这样看起来更加容易，但可能会导致项目进程的倒退、时间的浪费和技术开发方面的错误。在确定故事目的时，我们必须了解传播学、修辞学的基本理论，这意味着我们需要了解亚里士多德的相关理论。本书将简化亚里士多德关于叙事主题的论述。简单地说，故事的目的应该是娱乐、劝服和告知。

1）娱乐

如今，大量媒介作品存在的目的都是娱乐观众，这对于虚拟现实这样的新媒介来说也许特别重要。如果在体验虚拟现实的最初阶段没有感受到娱乐价值，那么在没有外力影响的情况下，人们可能就不会再在这上面投入大量时间。即使是在娱乐以外的地方使用虚拟现实，创作者也会遇到期待方面的障碍，直到文化规范了技术，甚至在某些情况下超越了技术。那些从娱乐平台（诸如电子游戏）中迁移过来的人可能对娱乐有着更高的期待。

2）劝服

由于受众在任何时间都能获得所有内容，因此他们被内容说服的倾向变得更加微妙。一般而言，受众厌倦说教。当有人试图说服他们时，他们马上能察觉到。这并不是说沉浸式内容不应该用于说教，事实上，这是虚拟现实做得最好的事情之一。然而，创作者应该意识到，通过灌输沉浸式内容来劝服受众往往涉及伦理问题。关于该领域的伦理问题，后文有更详细的讨论。因为体验是改变人们想法的重要因素之一，劝服可能是虚拟现实体验的本质目的。激励或鼓舞受众，以及促使他们采取行动，都属于劝服的范畴。

3）告知

当然，有些内容只是简单地向受众传达信息。虚拟现实的媒介性质使它能够把沉闷的信息变得有趣。尽管创造某种体验只是为了传递信息，但虚拟现实依然可以有力地呈现出信息丰富的故事。新闻、培训和教育都是利用信息讲故事的重要领域。沉浸式故事的来源可能就像其背后的目的一样广泛。就像许多电影源于报纸文章、神话传说甚至个人经历，虚拟现实故事也可以来自其他媒介的创作。就像游戏中流行的那样，强大的故事往往没有确定的概念，而是直接源于人类的想象。想法和概念可以成为创作的素材以及有效的指导。如果观众深度沉浸在故事中，是否会受到更大的影响？答案是肯定的。

视角建立和人物创造

我们一旦确定了一个故事概念，也就明确了受众和目的，接着就需要通过分解其他逻辑问题，来创作一个故事了。我们应该关注的首要问题是视角，即讲述故事的角度，这就是故事创作和故事讲述的区别。在这里，我们再次借鉴了戏剧、小说等媒介的经验。

1）第一人称视角

这个术语指的是主角讲述故事的叙述方式。我们只能通过主角的眼睛来体验故事。对于主角没有亲身体验过的东西，我们是无法感受到的。虚拟现实等沉浸式体验常常指的就是通过观众的眼睛来呈现故事。换句话说，观众或体验者就是主角。

2）边缘第一人称

这个术语指的是故事中的讲述者是故事的配角，而不是主角。在使用这种视角的故事中，主角身上会有讲述者未知的经历和背景。这种方法不同于第三人称视角。在第三人称视角中，观众是场景中的幽灵；在边缘第一人称视角中，观众应该得到其他角色的认可，并在叙事中发挥一些不是主导作用的作用。

3）第二人称视角

这个术语最常用于教学中，故事是从"你"的角度讲述的。这种视角在其他叙事形式中并不常见，在基于叙事的沉浸式体验中的使用也有限。然而，一个值得注意的例外是游戏或交互式叙事中提供指令的场景。

4）第三人称视角

这一术语指的是在故事中，叙述者不是故事中的角色，而是一个观察者。在使用第三人称视角的沉浸式体验中，观察者不会被故事中的角色察觉。从某种意义上说，他们是场景中的幽灵，观察着这里发生的一切，不会做出任何影响叙事过程的决定。这种视角与观众看电影时的体验最为相似。

第三人称视角主要可以分为三类。一是第三人称限制视角（third-person limited），指的是叙事中的视角仅限于一个角色，而叙述者或观众只知道该角色所知道的。二是第三人称多重视角（third-person multiple），指的是叙述者或观众可以跟随故事中的多个角色进行体验，但是当从一个角色的视角移动到另一个角色的视角时，需要避免视听上的混淆。三是第三人称全知视角（third-person omniscient），指的是叙述者或观众知道所有的事情，而不仅仅限于一个角色所知道的事情。这种视角在互动和游戏体验中特别有趣，因为它允许观众作为所沉浸世界中的最高存在发挥更大作用。

沉浸式叙事中的自我意识

在重新定义自我的现实中，精准审视自我是有益的，因为观众也会如此。自意识诞生以来，自我一直是二元的。我们体验着"内在自我"，如从内心的思想到互联网上的虚拟存在；我们同时也在现实世界中体验着"外在自我"，即在与他人的互动中由他人定义，它使我们在周围的世界中拥有掌控力。在虚拟现实中，我们实际上被赋予了第二个自我。这个自我分享了内在经验，同时获得了第二次外在经验。在许多情况下，我们被赋予了替身形式的第二个身体，在一个全新的、逼真的世界里拥有了掌控力。这一新的外部虚拟自我还没有受到自然或法律的约束，如自然的重力法则或伦理方面的法律等。我们将继续借助现实世界中的经验，在新的媒介中继续建立自我意识。

忒修斯之船

回首古人的哲学思想对深入探索沉浸式空间中的自我定位大有

裨益。公元 1 世纪末,普卢塔赫(Plutarch)写了《忒修斯传》一书。在记录希腊传说时,他问道:"一艘通过更换所有木板而被修复的船是否还是同一艘船?"这个问题被称为"忒修斯悖论",而它同样适用于沉浸式虚拟空间。一个完全被数字和虚拟"零件"取代的人还是人吗?几个世纪以后,托马斯·霍布斯(Thomas Hobbes)提出了一个更有趣的问题:如果船的原木板被收集了起来,用于建造第二艘船,那么哪艘船是原来的船呢?对于这个问题,从亚里士多德、赫拉克利特(Heraclitus)到戴维·休谟(David Hume),思想家们提供了各自的答案和视角。当它出现在沉浸式虚拟空间中时,答案不得而知。我们根本没有足够的时间来研究新兴技术将如何改变我们对自己是谁和行为方式的看法。我们的最佳做法是在构思叙事逻辑时考虑这些问题,并随着信息可用性的提高积累更多经验教训。

聚焦新前沿:故事大师

克里斯·米尔克,Within 公司的创始人兼首席执行官

克里斯·米尔克的职业生涯开始于音乐视频和摄影,如今已经突破了传统领域。他的艺术跨越了新媒介与实验性流派,将新兴技术、网络浏览器、临时事件甚至身体语言变成了新的画布。作为虚拟现实媒体公司 Within(前身为 Vrse)的创始人兼首席执行官,以及虚拟现实制作公司 Here Be Dragons(前身为 Vrse.works)的创始人兼创意总监,他一直在交互技术和艺术领域开展前沿探索。2015 年,米尔克在 TED 上发表了关于虚拟现实作为一种推动人类发展的媒介力量的演讲。

米尔克作为音乐视频导演,获得了诸多认可。他曾与坎耶·韦斯特(Kanye West)、拱廊之火(Arcade Fire)、贝克(Beck)、杰克·怀特(Jack White)、U2、约翰尼·卡什(Johnny Cash)、奈尔斯·巴克利(Gnarls Barkley)、化学兄弟(the Chemical Brothers)、约翰·梅伦坎普(John Mellencamp)、考特妮·洛芙(Courtney Love)和谦逊耗子乐队(Modest Mouse)合作。他的音乐视频和商业作品获得了业界最高奖项,包括戛纳国际创意节奖、D&AD 黑铅笔奖、克里奥国际广告奖、"西南偏南"最佳表演奖、MTV 月亮人(Moon Men)奖、英国 MVA 创新奖等。

近年来,米尔克致力于用跨媒介创新形式来提高人类的情感叙事能力,揭示连接所有人的物理、数字和无形事物中的美。他以虚拟现实为蓝本构建了多个项目。

2013 年 1 月，他与贝克合作拍摄了电影《声音与视觉》（*Sound & Vision*），这是全球第一部由真人表演的虚拟现实电影，在未来故事高峰会、圣丹斯电影节、"西南偏南"电影节和翠贝卡电影节上用 Oculus Rift 进行了展示。此后，米尔克和 Within 与联合国、《纽约时报》、耐克、VICE 新闻、美国全国广播公司（NBC）、苹果音乐和 U2 等合作，继续在虚拟现实中讲述动人的故事。

约翰·布赫： 从艺术或叙事的角度来看，你认为虚拟现实处于什么阶段？

克里斯·米尔克： 现在人们就像是被困在时间胶囊里。从历史的角度来说，这真的很有趣，但也有点未知的意味。我认为，其他新媒介不得不与之抗衡。我一直强调，如果你观察虚拟现实媒介，认为它会像旧媒介一样发展，那就错了。第一个深层次的原因是，从根本上说，电影语言是由一种媒介形式演变而来的，源于一种既有的技术。设备和技术是同时诞生的，视听语言经过几十年的演进，也在不断发展。但是在虚拟现实中，先有技术，才有设备，然后才有语言。语言是未知的，设备也是未知的。第二个更深层次的原因是，从创造性的角度来说，这意味着你不能只发明语言，还必须同时创造技术。这是一个奇怪的结合，因为你谈论的是硅谷和好莱坞的关系。"异花授粉"（不同公司之间的合作）总是不容易的。

这也是我现在坐在这里的原因。五年前我是一个艺术家和导演，现在我是一家风险投资科技公司的首席执行官。如果缺乏技术支持，我不可能创造出想要的叙事语言，两者必须同时发生。在这种媒介中，叙事会走向何方？如何开发与叙事相匹配的技术？未来几年会出现哪些不同的技术？如何整合技术来获得新的体验？

各种媒介形态不同的原因在于电影是矩形框，广播是音频，文学作品是文字，这些固定格式贯穿于媒介发展的整个生命周期。虚拟现实之所以与众不同，是因为它源于一项完全基本的技术。之前的所有媒介都是来记录动态图像和声音的，都源自 19 世纪后半叶的发明，当然文学除外。电话、广播、电视、电影甚至互联网都诞生于这些技术浪潮中，而虚拟现实则由一种新的基础技术发展而来，是一种由全媒体语言与人类感官交互而形成的计算机系统技术。

所有其他媒介，以及所有其他艺术形式都是人类体验的表现。从一幅画到一部奥斯卡获奖电影，这些都是对人类体验的抽象表达。每一种形式都有它自己的语言。毕加索的画看起来像毕加索的画，斯科塞斯的电影看起来像斯科塞斯的电影，它们是艺术家的表达方式。外化的人类体验被分隔开，见证着、解释着、内化着观众，其传播具有必然性。为什么虚拟现实及其背后的技术如此独特？那是因为它真实地捕捉或构建了人类的体验，并将其作为第一手经验传播给我们。

目前，许多虚拟现实语言都来自对电影及其运作方式的理解。随着技术的发展，还会有很多新的探索。但是现有的虚拟现实电影，在本质上只是穿过屏幕，生活在电影里，其本质还是一部电影，你只是生活在电影里。唯一真正的交互点是电影中的人看着镜头，而你感觉他们在看着你。这种感觉会非常强烈，你可以由此感受到虚拟现实的力量。

约翰·布赫：　你能更深入地谈谈表现形式和媒介体验的概念吗？如果我们远离我们所创造的技术，机器就会不见。一旦新奇感消失，我们就会开始在虚拟空间里寻找意义。

克里斯·米尔克：我认为还有一个更深层次的问题，那就是现在的叙事仍然是观察性的，人们置身其中朝各个方向看。但虚拟现实应该是叙事性的，这是我的愿景。它是交互性的，是第一人称的，是体验性的，也是社交性的。社交体验式叙事是怎样的呢？它可能看起来像是我们的生活。你生命中最不可思议的故事是什么？它可能与你最在意的人有关。就像和你最好的朋友去看电影比一个人去看要好一样，这是一种让人珍视的集体体验。更重要的是，我们经历了这种体验，而不只是旁观。我坚信我们应该在一起体验故事，坚信这是参与性的，不是观察性的。但这样的叙事既超出了目前的叙事模式，也超出了我们对作者身份的理解。

如你所知，坎贝尔的英雄旅程是一个圆圈。他有一个目标，但没有真正实现，不过他在努力实现的过程中发生了变化。这与生活非常相似，因此我们会产生共鸣。没有人能心想事成，但在努力尝试的过程中，我们会成为更好的自己。我认为这是好故事的基本核心，它来自久远的神话。我不认为所有虚拟现实体验都是英雄之旅，但这是一种开始实验的好方式。如何讲述一个有着无限分支剧情点以及众多能互动的逼真角色的故事？从技术上看，也许我们还没有能力。我们必须继续尝试，用最简单的技术版本朝着理想的方向讲述故事。

约翰·布赫：你在你的音乐视频中能熟练地运用叙事元素，不会经常讲线性故事或英雄故事。你用了我称之为"叙事碎片"的方法。你认为这会成为沉浸式叙事的一种方法吗？或者说，我们能找出某种结构性的线性故事吗？过多使用电影形式是不是一种不思进取呢？

克里斯·米尔克：这很棘手，因为我们必须用现有技术创造出尽可能引人入胜的故事。我们不能就这样等着，社交属性对好的内容提出了很多需求。我们需要燃料来维持媒介发展，让人们参与进来，购买头盔，继续体验。诀窍是努力创作，同时不断进行探索，推动技术发展。

我不认为我们总在讲具体、独特、线性的故事。每个人都是一个正在经历故事的角色，并且会收获自己的经验。那么，这是怎么构建的呢？是由用打字机写剧本的人创造的，还是由更复杂的基于叙事参数进行调整的数字系统创造的？因此，是否存在一种叙事的科学，而非叙事的语言呢？也许，这是有可能的。

约翰·布赫：有这样一种说法，认为虚拟现实技术打开了一扇门，让我们拥有全身体验，而互联网几乎只允许精神体验。当我们能够在这个领域拥有更具身化的体验时，你认为这将如何影响叙事？

克里斯·米尔克：在我的实验中，它让一切变得更加强大。它让你与另一个人在同一空间共存，让你们密切相连，让你与所在空间相连，与正在发生的故事相连。故事将是一段记忆，而不仅仅是一种被消费的媒介。我在创作时一直思考着如何让人们与角色紧密相连，如何让角色和角色的目标易于理解，以及当角色遇挫时，人们如何将自己代入角色中。人们如果在角色身上投入了情感，故事叙述也就有了戏剧性。

从经验上讲，讲一个虚拟现实的故事更加复杂和困难。分支叙事好像也存在恐怖谷效应。分支叙事不是问题，构建分支叙事也不是问题，对我们来说讲故事才是问题。生活中的每天都是一个分支故事，你从来不会停下来去想到底发生了什么。目前，虚拟现实的复杂程度尚未达到这种高度。我们会不断地撞到打不开的门，然后故事就会停下来，等着我们去做些什么。当然，我们知道自己应该做什么，但现实生活中不会发生这种情况。在完全变得自然之前，会不断有怀疑论者说我们不能讲这种故事——这不是自然的。但实际上这才是最自然的故事，它是你的日常生活。在叙事的其他媒介技术中，我们不可能这样讲故事。一个纯粹的作家会说这样是不存在作者身份的，因为并没有谁坐下来用笔在纸上写字。如果让观众决定故事的结局，那它就不可能是一个伟大的故事。它可能是个很棒的故事，而我们很难把它讲出来。如果能被讲出来，这个故事会比任何电影故事都要好。

有时我会在讨论会上受到质疑。我会反问："你最喜欢哪部电影？"他们会说《肖申克的救赎》。我说："给我讲讲这个电影的故事。""这是一个人蒙冤入狱的故事。他交了一个很好的朋友，然后从监狱逃走了。""好吧，听起来是个很好的故事。告诉我你的生活中发生的最精彩的故事。你度过的最美妙的下午是什么？给我讲讲。"这家伙可能会说："我和朋友们在墨西哥冲浪，然后一条鲨鱼咬住了我朋友冲浪板的后面，弄伤了他的脚踝。我们很快游到了岸边，那里有一个陆军基地。我们去了基地，他们帮我朋友治疗了脚踝。""好吧，让我们从故事中抽离出来。如果是发表的小说，你觉得哪个更好？"也许质疑者会说："显然是《肖申克的救赎》。""那么，哪个故事对你更有意义？"也许质疑者又会说："嗯，发生在我身上的故事对我更有意义。"在你所经历的故事发生的那天的任一时刻，你是否曾对自己说过："这太神奇了，但我希望现在能有个矩形画幅告诉我这一刻我该看向哪里。"如果你能以戏剧的层次和电影的技巧来体验鲨鱼袭击，这个故事会有多精彩？我想这就是我们最终要谈论的。

约翰·布赫： 你最近在温哥华的一次演讲中说，意识是研究的新媒介。这与虚拟现实叙事有什么关系吗？

克里斯·米尔克：是的。一个故事是关于胶片、矩形画幅与电影放映机的，这就是一种媒介。这个故事已经被捕捉、演绎并呈现给观众。另一个故事是关于意识的。如何为某人的意识讲述一个故事？当你在森林中奔跑时，意识是什么样子的？想象一个系统。在这个系统中，你所有的感官都以全分辨率参与其中，就像在现实世界中一样，甚至可能是更高的分辨率。在实现这一点之前，我们需要解决很多科学问题。

然后就不仅仅是讲故事了，我们要讨论的是人类基本的交流和语言。人类通过符号来交流，而符号是非常低效的，它在传达大脑中的想法时有很多错误。现在有一个系统，能让我们与技术交互，但还不足以像人与人交流那样自由。

约翰·布赫：你认为当进入这些新兴空间时，我们作为人类的意义会发生哪些变化？

克里斯·米尔克：这是个好问题。我觉得我们每天能做的就是尽力而为。不是纠结我们能做什么，而是思考我们应该做什么。具体到技术上，就是如何最大限度地利用它造福人类。我认为我们需要一群有思想的、关注人类发展的、能整体思考这些问题的人。

约翰·布赫：你说过电影《公民凯恩》不会出现在虚拟现实叙事的第二年。为了实现你所说的叙事，我们还需要克服哪些障碍？

克里斯·米尔克：我们需要在实时互动环境中逼真地表现环境和人，然后问题会迎刃而解。玩家能处理好外在角色的发展、与外在角色的沟通等分支叙事，也能完成更大的叙事结构。在第一人称叙事中，仅靠一个人和一台打字机是不可能写出所有分支叙事的，也不可能为人物写下每一行对话。人工智能将会参与其中，帮助你操控如照片般写实的数字人。这可能是第一步，接下来就是操控整个故事，即真正参与故事创作。但未来的事谁又真的知道呢？在此之前，我想说的是，如果不能在技术的前进过程中创造出惊人的故事，我们就不可能实现这一目标。

克里斯·米尔克提出的概念

1. 对于电影而言，语言和技术是同时诞生的；但对于虚拟现实而言，技术优先诞生，现在我们必须发明与之相匹配的语言。

2. 与传统媒介不同，虚拟现实是从一种新的基础技术中发展出来的。

3. 虚拟现实技术捕捉、构建并且直接传播了人类的体验。

4. 虚拟空间中的社交体验式叙事在未来可能具有重要意义。

5. 并非每一次虚拟现实体验都会强化约瑟夫·坎贝尔提出的英雄之旅的概念，但它会成为开始实验的良好开端。

6. 游戏或虚拟现实空间中的分支故事与日常生活中影响情感的分支故事存在差距。

7. 在挖掘虚拟现实叙事的最大潜力之前，还需要克服一些技术障碍。

总结观点

克里斯·米尔克强调，不能让技术限制成为讲故事的障碍。米尔克可能比大部分阅读这本书的创作者拥有更多的资源。令人欣慰的是，他所关注的领域与所有创作者是一致的。把故事讲好永远不依赖于现有技术。技术必须是讲故事的工具。在虚拟空间内外进行实验和与他人合作，是将虚拟现实叙事推向未来的基本指导方针。

传统叙事

我们可以开始探索故事的基本元素（人物、目标、冲突和解决方案）如何在叙事中结合在一起。我们应记住，我们寻找的是形式而非公式。虽然关于视觉故事的结构我们已经说了很多，但还是有必要看看在三种特定媒体（电影、电视和网络剧故事）中它是如何发挥作用的。虽然也有很多例外，但自媒介诞生以来，大多数电影的结构都源于亚里士多德的三幕式结构，即开始、发展和结束。在有线电视时代，一个很大的变化是电视领域开始使用五幕式结构。五幕式结构之所以出现，是因为电视在讲故事时需要插播广告。这个问题在付费有线电视上已经被解决了，不过其中许多内容仍然遵循这种结构。网络剧、在线叙事型游戏甚至虚拟网络软件等网络叙事，不需要基于多幕式结构的刻板叙事，而是选择了基于节奏的叙事——下文将做详细讨论。

对一些技术领域的人来说，温故可以知新。温习传统媒介的结构知识很有用。无论一个人在叙事结构方面的经验如何，重申基本形式是必不可少的，因为人们对基本形式的理解是会变化的。故事大师也会经常回顾基本形式，以建立新的理解。

三幕式结构

传统戏剧为电影故事的发展提供了基础。舞台剧在第一个故事被搬上银幕之前就已经历了数千年的发展。独幕剧、三幕故事甚至多幕史诗也屡见不鲜。然而，亚里士多德提出的三幕式结构与电影叙事产生了最为显著的共鸣。对于三幕中的每一幕中应该包含什么具体内容，人们有各种各样的说法。传统主义者认为，故事的前四分之一为第一幕，故事的一半为第二幕，故事的后四分之一为第三幕。一部分人把第二幕分成两半，坚定地认为电影实际上有四幕，每幕占叙事的四分之一。一部分人采取了极简主义的方法，认为发生在电影开始时的是第一幕，发生在电影结束时的是第三幕，发生在这两幕之间的是第二幕。还有一部分人认为，故事的每一幕都应该出现相当精确的节奏和时刻。明智的做法可能是采用中间道路，我们将根据已被业内普遍接受和广泛实践的内容来研究每一幕。

1）第一幕

大多数理论家和创作者都同意，第一幕应该呈现人物和背景故事，即使观众还没有看到所有的关键人物，也不了解他们是谁。这能帮助观众在故事世界中定位。在虚拟现实环境中，观众自然会好奇自己是在看主角，还是自己就是主角。根据故事场景的不同，观众可能会对对立角色和其他角色产生同样的好奇心。

在第一幕中，重要的是要建立"前置世界"——这样在叙事结束时我们才能明确"后置世界"，同时讨论这个世界的文化规范。观众体验到的第一批人物和完整场景的重要性是不能低估的。最初印象将在很大程度上影响观众接下来的观影心理，而这种心理一旦形成，就很难改变。第一幕最容易掉进的陷阱之一就是谜团。虽然一些谜团有助于使观众在短时间内迷失方向，但观众的一部分谜团应该被迅速消除，这样他们就能在接下来的叙事中有"抓手"。

由于观众已经习惯了其他媒介中的既定叙事技巧，因此通常会下意识地这么问：这是谁的故事？哪个角色最有趣或最吸引人？我能加入他们的旅程吗？在这个故事中，他们想要达到什么目的？谁在反对他们？观众在第一幕中寻找的其他元素，通常暗示着将要探索的主题，也揭示着主角的弱点或缺陷。这能让我们在第一幕就理解主角在他的旅程中需要学习的东西和需要成长的地方。

在第一幕中，最后一个至关重要的元素是戏剧性地推动故事发展的事件。有些人称之为"催化剂时刻"，有些人称之为"诱发事件"，但其作用都是一样的。这一事件将动摇"前置世界"的常态，迫使主角决定是否继续他的旅程。这一事件可能像男孩遇见女孩的那一刻一样简单，也可能是一个悲剧时刻。死亡、出生、婚礼、被曝光的不忠、逃亡，以及主角过去生活中的人物的出现，都会以不可改变的方式改变生活。

2）第二幕

戏剧性的事件能巧妙地让观众知道故事已经进入主体部分，即第二幕。主角选择踏上诱发事件所指向的旅程。如果主角父亲的死亡是催化剂，那么这个事件可能是卖掉房子，被迫搬到一个新社区或转到新学校。最常见的场景是，主角主动选择进入第二幕，而不是被迫接受新的环境。电影行业中有句老话：比起那些成为环境的受害者并机械地作出反应的角色，那些能够主动作出决定的角色更能引起观众的共鸣。这可能会让一些故事讲述者惊讶，因为他们会认为给角色强加一些无法控制的东西，反而会让人产生更深层次的共情。然而，我们必须记住，叙事暗示的是我们想成为什么样的人，而非我们实际上是什么样的人。

第二幕可以以多种方式上演。有时是主角拼命想要得到什么东西，用尽手段，但总是失败。有时是通过设置曲折事件，引发观众对故事走向的兴趣。最常见的是发生在主角和对立角色之间的猫捉老鼠的游戏。主角试图前进，并确实向前走了两步，却被对立角色逼着后退一步。在一些叙事结构中，我们开始探索次要人物的生活和旅程，以及主角的一些小目标，如在获取黄金的过程中赢得女孩的芳心。

通常在第二幕的中间，主角要么处在一个高光时刻，要么处在一个低谷时刻。如果是高光时刻，地板就会向下塌陷。如果是低谷时刻，意想不到的电梯就会升起。这一时刻有时被称为"转折"。转折意味着有事要发生。观众可能会无意识地观察到，主角此刻似乎失去了所有。这一事件通常会引出一个反思时刻。这时另一角色会介入，提醒主角为何而战，而这必然会给主角带来完成旅程的力量。

3）第三幕

最后一幕是主角和对立角色之间最重要的对决。在这里，观众想要看到主角是否吸取了教训或克服了在第一幕中表现出的弱点。故事开始时所暗示的主题清晰地回归，即使观众在第三幕中并不确定主角是否会占上风。在传统的好莱坞电影中，主角往往会得到他们想要的和需要的东西。有时候，主角并没有得到想要的东西，而是得到了需要的东西。在较少的情况下，主角得到了想要的东西，但不是需要的东西。除了希腊悲剧之外，主角很少既得不到想要的，也得不到需要的。

无论主角的故事是以胜利告终，还是以舐舐伤口完结，展示"后置世界"的样貌是很重要的。结束故事有各种各样的技巧，如视觉隐喻或对主题暗示的回应。所有这些技巧都是为了完成一件事——在观众心中将问题解决。观众希望感觉到故事真正结束了。当问题在故事结尾没有得到解决时，观众会有挫败感。这并不意味着必须给每条故事线和角色弧线都打一个"蝴蝶结"。然而，让观众在角色故事中体验到某种解决问题的快感，有助于他们在脑海中完成叙事，并创造某种意义。通常而言，有一个被称为"结局"的最后时刻，它展示出故事结束后生活是如何继续的。"故事结尾"这个标签或按钮，在叙事中就像圣代上的樱桃，起着点睛的作用。

五幕式结构

电视的五幕式结构的基本弧线与电影的三幕式结构的基本弧线差别不大，但也有一些关键的区别。五幕式叙事几乎与三幕式叙事一样古老。罗马诗人贺拉斯（Horace）理解亚里士多德的三幕式结构，并主张剧作家将其扩展为五幕式结构。数百年后，德国剧作家古斯塔夫·弗莱塔格（Gustav Freytag）修改了贺拉斯的模式，并以此分析莎士比亚的五幕式戏剧。第一幕被称为"开场"，向观众介绍人物设置、背景故事和环境。第二幕被称为"上升动作"。在这一幕中，行动会导致故事中最紧张的时刻。第三幕是"高潮"，这是戏剧的转折点。第四幕被称为"回落"，包含情节转折和真相揭露。第五幕被称为"收场"或"解决"。

电视五幕式结构又得到了改进，围绕商业广告安排叙事，同时也以精彩（阴谋）故事将观众从广告中拉回来。电视剧使用了多种格式，有1小时的正剧或连续剧、1小时的探案剧、半小时的探案剧、半小时的情景喜剧，还有限量系列和迷你系列。以下是传统电视剧集的结构分解。

1）预告

大多数电视节目都以一种叫"预告"的元素开始。在1小时的正剧中，预告通常占五分钟或更短时间。从某种意义上说，预告是对故事的提前告知。它打开了故事世界，提醒我们关注哪些人物，但通常与本集探讨的冲突无关，尽管一些电视节目也设置了冲突。

2）第一幕

第一幕介绍了眼前的故事，并为即将发生的冲突提供了足够的故事背景，使我们在冲突到来时不会感到困惑。除非我们是在看该剧的试播集，否则创作者会认为我们对人物、背景故事、人物的弱点以及故事的发生地都很熟悉。第一幕一般在一个看似充满悬念的时刻结束，或至少类似于三幕式结构的诱发事件。这一时刻应该展现这一集的核心冲突。

3）第二幕

第二幕开始揭开核心冲突的面纱。观众开始了解角色如何处理这个问题。在第二幕结束时，观众通常希望角色能够化解核心冲突。这一幕的最后一刻，一般会再次设置悬念或加入催化剂，从而扭转主角的命运。

4）第三幕

故事的这一部分类似于三幕式结构的第二幕的结尾，此时主角往往会觉得对立角色强大而不可战胜，几乎所有的希望都破灭了。我们之前对他们会实现目标的希望在第三幕中被证明是错误的。这一幕的结尾会创造一个情境，让观众好奇主角最终是如何取得成功的。

5）第四幕

当故事进行到这里时，主角会再次取得进展。观众会有一种从过去的错误中吸取教训的感觉。看到主角不再重复同样的错误，而是从不同的角度来解决问题，观众会感到一丝欣慰。在这一幕结束时，问题通常会得到解决。我们看到主角成功地实现了目标，或者未能实现目标。

6）第五幕

第五幕是对故事的收尾。观众获得一种问题得到解决的快感。根据节目的性质，有时这一幕也会抛出吸引观众继续收看的预告，作为某种意义上的收场。

网络剧结构

在数字时代，叙事结构开始改变，摒弃了在新媒介中不再需要的元素。需要记住的是，这并不意味着抛弃所有的结构性叙事设计。相反，我们只是指出了剧情结构的最新演变，因为创作者找到了让观众与故事产生共鸣的新方式。不再需要插播广告的流媒体节目继续使用这种结构的原因有两个。第一，跨媒介创作者无法确定自己作品的最终发行平台，因此许多人坚持使用传统结构，以便作品最终在商业平台上可用。第二，如前所述，传统结构基于的是人类解决问题的方式。之所以使用这些结构，是因为它们行之有效，而不是因为一直如此。我们可以回想一下建筑结构和音乐结构的例子。

节拍结构

网络剧和其他数字化节目通常会采用节拍结构。这是一种引导观众从一个叙述节拍进入下一个叙述节拍的形式，非常适用于"生活片段"类型的故事。在这些故事中，我们通过观察人物的生活状态来了解他们是谁。因此，没有必要设定外在目标，即使设定了，其作用也可能微不足道。角色弧线可能不会出现，但人物旅程中的重要时刻或重要节拍肯定会出现。

当使用基于节拍的故事结构时，我们需要注意两个问题。第一，许多讲故事的人躲在这种结构后面，因为他们无法遵循传统结构。尽管很少有人愿意承认这一点，但我们能在他们的叙事中找到大量证据。这种结构不应该仅仅为了避开传统结构而被使用。相反，如果这种结构最适合创作者想要的故事，那么就应该使用它。第二，以这种结构构建的内容往往缺乏商业潜力。采用另类结构或节拍结构的电影很少在票房上取得好成绩。这种结构的电视节目也几乎不存在。虽然网络剧和数字化节目有些成功的案例，但目前只有很少的创作者能够以此维持自己的事业。当然，这并不是说这一类型不重要。这种实验性的程序设计和结构推动了视觉叙事的发展，我们可以从中进行学习，而这些经验教训也足以带来新鲜的和富有创造力的叙事方法。应该指出的是，与电影或戏剧等更成熟的媒介相比，这种模式还相当年轻，我们很有可能看到它在未来获得商业上的成功。

交互沉浸式结构在虚拟现实体验中的应用

正如之前所讨论的那样，经过再媒介化，虚拟现实已经重新设计、改变和定义了许多结构和概念。然而，有些概念，如三幕式结构，不需要修改就可以直接在虚拟现实环境中运用。马特·汤普森（Matt Thompson）的虚拟现实作品《露西》（*Lucy*）就是一个重要的例子。下文将从传统的概念和结构出发，为使用传统的结构元素（用新的方式进行了组配）进行的虚拟现实叙事提供一些方法和技术建议。

1）交互式三幕式结构

使用这种技术，我们可以保留三幕式结构的基本元素。此外，它还包含额外的互动元素。通过互动元素，用户可以体验到掌控力，并在叙述的开始，在每一幕之间，以及在作品结束时拥有一定的选择权。互动元素可以使用户进一步沉浸在作品中，但不允许用户改变总体叙事的方式，故事的基本框架也保持不变。当掌控力和沉浸感对新用户来说极具吸引力时，这种交互就会显得非常有用。当创作者希望展示出一种体验的潜力，而又没有时间或资源来制作具有完全掌控力的更深入的沉浸式体验时，这也可能会有所帮助。

2）交互式五幕式结构

有了这项技术，用户就有了更大的空间，可以利用其掌控力实际推动和重新设计故事。互动元素的应用越来越多，尽管仍处于幕与幕之间，但为结果创造出了更多的可能性。这种结构适用于《法律与秩序》（*Law and Order*）或《海军罪案调查处》（*NCIS*）这样的电视节目。那些熟悉棋盘游戏或电影《线索》（*Clue*）的人也会看到连接的可能性。除了互动决策之外，在幕与幕的间隙，交互作用还能为观众提供更多的沉浸感。许多电子游戏中常见的选项，如武器选择、角色能力、地图等，都存在很多可能性。显然，掌控力、交互性和沉浸感越强，制作故事需要花费的时间和资源就越多。

3）交互式节拍结构

目前，许多虚拟现实故事（如果不是大多数的话）都与网络剧、在线游戏和电子游戏体验中的节拍结构相呼应。这部分是由于技术限制、观众的注意力持续时间有限，以及行业希望生产尽可能多的内容，以便更广泛地采用该技术。这也可以归因于一个事实，即节拍结构更适合虚拟现实体验。许多沉浸式体验的目的并不是像电影、电视节目或电子游戏那样讲述故事。但是，它们也确实需要并会使用我们之前讨论过的叙事碎片，以吸引观众进一步参与。大量的方法或技术都可能是适用的或恰当的。生活片段、简单的游戏挑战，甚至叙述性人物，都可能被从更广阔的故事世界中带到节拍结构中。前文提到的任何一种节拍都有可能提供帮助。三幕式结构和五幕式结构在本质上是线性的，交互式节拍结构在本质上则可能是循环的。观众或玩家可能不需要为了回到体验开端或者体验过程中的任一阶段而完成整个叙事圈。

背景故事的结构

虚拟现实体验可能不仅是关于人物旅程的，还是关于人物为这一旅程所做的准备的。在叙事讨论中，这被称为"背景故事"。虽然背景故事可以包含整个叙事本身，就像《侠盗一号》（*Rogue One*）为《星球大战：新希望》（*Star Wars: A New Hope*）提供了背景故事一样，但情况并非总是如此，也不需要总是如此。有时候，在游戏或虚拟现实故事中，背景故事可能是简单的预备体验，以帮助用户熟悉控制器或装备，无论是在虚拟世界之外还是深入其中。虽然这种体验可能不会遵循三幕式结构，但很可能遵循一个简单的结构。这个简单的结构包含三种元素或行为，即解释、提供选项与实践。

1）解释

这一元素或行为通过语言、文字、图形、图标或其他直观的要素向用户解释如何在即将进入的虚拟世界中确定方向、如何拥有掌控力，以及可以做出哪些交互性选择。这些解释有的是被明确告知的，有的是用各种方法含蓄暗示的。从许多方面来看，这反映了戏剧结构中的第一幕。

2）提供选项

这一元素或行为允许用户做出解释中提到的选择。在这个阶段，用户可能想要比较各种选项，并在做出选择之前多次改变主意。这类似于戏剧结构中第一幕和第二幕之间的过渡场景。

3）实践

这一元素或行为允许用户在参与体验之前理解自己所做的选择。这一阶段是实践阶段。在这个阶段，如果用户对之前的选择不满意，还可以返回选择另一个选项。实践阶段大致反映了戏剧结构中的第二幕，游戏阶段或体验阶段则反映了戏剧结构中的第三幕。

虚拟现实的伦理考量

《西部世界》的联合创作者乔纳森·诺兰（Jonathan Nolan）在接受《连线》杂志专访时提出："目前的趋势是人类能够将自己的世界越来越多地转变成游戏空间和叙事空间——有了高清电视，有了虚拟现实。我们开始问，为什么所有这些叙事都如此相似？为什么很多叙事都如此暴力？这个系列在很大程度上提出了这样一个问题：我们人类到底怎么了？"电视剧《西部世界》开启了人们对虚拟现实等沉浸式环境的潜力和危险的广泛讨论。该剧改编自迈克尔·克赖顿（Michael Crichton）的小说和电影，描绘的是在一个未来世界的主题公园中，机器人主人让游客通过人工意识实现自己幻想的故事。观看该剧的乐趣之一就是不确定谁是人类，谁是人工智能。其中一集，一个已经学会做人的角色问另一个角色："你是真的吗？"对方回答说："如果你无法分辨，那有关系吗？"该剧的联合创作者莉萨·乔伊（Lisa Joy）问道："现在随着科技的发展，你开始思考：面对人造物，无法共情就是不道德的吗？这个界限在哪里？"[1]这似乎不仅是这部剧的主要问题，也是全球文化的主要问题。这个古老的问题——"作为人类意味着什么？"——似乎比以往任何时候都更有意义。

新兴媒介在被深入开发之前一般不会承载太多的伦理考量。虚拟现实的潜在影响，特别是它与人工智能技术的交叉，已经促使包括埃隆·马斯克（Elon Musk）、比尔·盖茨（Bill Gates）和斯蒂芬·霍金（Stephen Hawking）在内的一些人对哪些技术可以开发、哪些技术需要留在潘多拉的盒子里表达了担忧。当然，所有发声都

---

① 《连线》杂志采访，2016 年 10 月。

是支持技术的，在阻止或减缓任何类型的技术进步方面都是现实的。然而，他们的担忧是有根据的。我们应该鼓励人们就如何消费和开发沉浸式技术展开对话。

沉浸感的潜在伦理问题并不是一个新的问题。沉浸式叙事的力量让柏拉图不信任诗人，认为他们是共和国的威胁。在《堂吉诃德》中，米格尔·德·塞万提斯（Miguel de Cervantes）写道："简言之，他将自己沉浸在那些浪漫的故事中，以至于整日整夜地阅读。由于睡眠少，阅读多，他的大脑干涸到失去理智的程度。"[①] 赫胥黎在《美丽新世界》一书中警告人们，不要让多感官艺术削弱理性，最终导致想象力衰退。长期以来，沉浸在另一个世界中一直是沉浸式娱乐体验的目标。然而，虚拟现实等技术似乎提供了过于强烈的沉浸感。对于那些更易受到伤害的人来说，保护他们不至于飞出轨道的护栏实在是太少了。

虚拟现实中的伦理问题包括小到类似于在主题公园坐过山车时的轻微恶心，大到更严重的另类世界综合征（AWS），甚至是虚拟性侵犯。技术的发展速度比社会科学研究现象的速度快得多，但用于研究的资金却很少。从底线来看，我们根本不知道虚拟世界中可能潜藏着什么危险，也不太可能在它真的出现之前察觉到相关迹象。然而，确实有研究表明，为了保持愉悦的体验，虚拟现实体验必须是短暂的，并且需要与上瘾区分开来。

沉浸式体验中的考量因素

多年来，其他沉浸式领域（包括主题公园和沉浸式戏剧）中一直存在着关于伦理界限的讨论。虽然没有必要列出严格规则，但确实存在一些关于体验的问题且关于体验的讨论时常发生。这些讨论对我们认识虚拟现实体验也有帮助。第一个问题是许可问题。可以说，观众一戴上头戴式显示器，就能通过"旋转门"或通过选择来进行体验。然而，我们必须追问，观众在进入虚拟现实世界之前是否获得了体验许可。当然，目前我们还不能提供一套标准或规范，无论是自愿的还是强制的。但至少，观众应该了解体验

---

① De Cervantes Saavedra, Miguel and Edith Grossman. *Don Quixote*. New York: Ecco, 2003. Print.

中可能出现的极端情况。这不仅能保护观众，而且能保护创作者。在虚拟现实体验中，惊喜和诱惑是很难抗拒的。由于虚拟现实不同于以往任何娱乐或教育媒介，因此创作者必须在观众进入之前进行考察。这是一种媒介化的体验，创作者必须事先考虑到体验的后果。

虚拟空间中的风险

2016 年年末，乔丹·贝拉迈尔（Jordan Belamare）在《城堡保卫战》（QuiVr）中与陌生人一起射击僵尸时，被另一名玩家虚拟地揉搓了胸部，触碰了胯部。这一事件在国际上得到了广泛报道，并让人们了解到进入虚拟空间的新风险。现实世界中有法律保护贝拉迈尔，同时惩罚罪犯，但虚拟竞技场中暂时还不存在这样的法律。《城堡保卫战》的开发者阿伦·斯坦顿（Aaron Stanton）获知这件事后的第一反应是"我们会确保这种情况不再发生。开发者有责任设置控制措施，使玩家在游戏世界中感到安全。我们需要为玩家提供更好的控制工具，而不是仅简单地提供更好的隐藏方式"。Altspace VR 是一个虚拟聊天室，为用户提供可以开启的虚拟气泡（virtual bubble）。《城堡保卫战》也提供了这一选项，其开发者认为这应该是整个虚拟现实领域的一种标准化的控制方式。斯坦顿建议开发者联合起来，创建通用的有力的姿态来对抗虚拟现实中的骚扰。在本质上这是一个以动作形式出现的"安全词"（safe word），给予玩家保护自己的力量。

虚拟空间中的隐私

在虚拟现实创作者和讲故事的社区中，一个热议的话题是"虚拟现实是公共空间还是私人空间"。用户在使用头戴式显示器时，是否应有一定程度的隐私？在一些标准被最终制定之前，可能会有大量的讨论和试错。然而，鉴于隐私在现实生活和网络空间中的重要性，我们不能低估它在虚拟现实中的重要性。如果开发者希望自己所开发的产品的使用周期很长，那么在开发时就应该具有前瞻性。

聚焦伦理：对虚拟现实叙事的思考

史蒂夫·彼得斯，体验设计师，StoryForward 播客主持人，Mo Mimes Media 首席运营官

史蒂夫·彼得斯（Steve Peters）是一名获得艾美奖的体验设计师。他的职业生涯始于过山车操作员。作为平行实境游戏和跨媒介娱乐领域的先驱，他参与过一些迄今为止最大和最重要的交互体验。除了创立 Mo Mimes Media，他还在第四堵墙工作室担任体验设计副总裁，参与了互动网络系列游戏《垃圾工作》（*Dirty Work*）和《午夜 6 分钟》（*6 Minutes to Midnight*）等项目。在此之前，他曾在 42 Entertainment 担任体验设计师，参与了《为何如此认真？》（*Why So Serious？*）[为故事片《黑暗骑士》（*The Dark Knight*）设计]。史蒂夫于 2002 年创建了平行实境游戏网络（Alternate Reality Gaming Network），曾在南加州大学、佐治亚理工学院和加州艺术学院等学校担任客座讲师，并在世界各地的媒体会议上发表演讲。除了设计现实世界和虚拟空间中的体验外，史蒂夫还主持播客 StoryForward，探索故事叙述的未来。

约翰·布赫：　　　当你在创造一种体验时，你会考虑哪些伦理问题？

史蒂夫·彼得斯：我觉得最重要的是，在虚构和现实之间划清界限。对我来说，最大的危险信号是有人会说："我们构建虚拟现实，人们会认为自己的体验都是真的。这想法会持续一段时间，几天，几周，几个月。我们会告诉他们事实，即这只是一种体验。他们会觉得这太神奇了。"我对这件事的反应是："不，他们会觉得被背叛了。有些人可能会觉得这很神奇，但大多数人会觉得被背叛了，被欺骗了，觉得自己很愚蠢，或者感到愤愤不平。"

有一次我在玩平行实境游戏时收到一封信，上面写着一个人的名字。他让我去他在柏林的公寓。我去了他的公寓，但那里安保很严，我连大厅都进不去。我打电话到他的公寓，没人在家。当时是下午四五点，我想我还是等着吧。我在附近等了几小时，他一直都没有出现。我想："我要休息一下，吃个晚饭，暖和一下。下雨了。"我正朝火车站走去。在一盏孤零零的街灯处，有个身影向我走来。随着他越来越近，我意识到这就是我要送信的人。我想："这太完美了。"我等待着这一幕。我们相遇时，目光对视了一秒钟，然后各自继续前行。我确定是他。我停下来，转过身说："帕特里克。"他停下来，转过身说："什么事？"我说："这是给你的。"这不是我的计划，但我从黑色风衣中找到信封，并伸手递给他，上面写着他的名字。这就像一个魔术。他说："这是什么？"我说："只要打开它，你就知道了。"我转身离开，心想这真的发生了。我让他觉得自己就像是在看一部间谍电影。故事的结局是，当我离他十二步远的时候，听到他说："史蒂夫·彼得斯，是你吗？"他终于把事情搞清楚了。因为他在博客上写了关于平行实境游戏的文章，所以他知道我是谁。他也经历了那美妙的时刻，没有陷入危险之中。他不是被人从房子里拉出来的，也没有人要求他上车，或者要求他去做任何超出他舒适区范围的事情，除了伸出手去拿别人给他的东西。这就是我希望的最大限度。如果你想要做得再过一些，虽然这听起来很酷，但你会开始遇到奇怪的问题。

在网络社区中，如果你不知道谁是玩家，谁是角色，你就会变得非常多疑。这就不再有趣了。几乎每个人在看到电影《游戏》（The Game）时都会说："那不是很酷吗？"实际上，它危险重重，甚至你在法律上也冒着极大的风险。对我来说，观众的安全是这些沉浸式体验的重中之重。你需要一个相当于安全词的词语，你必须提供一种方法来让他们快速、轻松地阻止一些事情，或者确定真假。例如，我们讨论为未来运动而建立的虚构网站，讨论癌症疗法，但癌症患者偶然发现，他们正在申请的这种带给他们希望的新药其实是虚构的。

面对一些伦理问题，观众必须能有选择地参与，即使是软性的选择。在游戏《暗黑地牢》（Dark Detour）中，玩家有时会给我们电话号码，然后我们会以角色的身份给他们发消息。如果有任何迹象表明他们感到困惑（尽管不知道这是真的还是假的），我们就会撤退。你总是要停下来，站在别人的立场，设身处地地为他们想一想"最坏的结果是什么""最糟糕的使用情况是什么"，然后试着针对这些问题来展开设计。

约翰·布赫： 围绕虚拟现实的伦理问题的一些讨论已经转向确保我们人类最终不会被从这个星球上消灭掉。对此你有什么建议吗？

史蒂夫·彼得斯：我认为游戏发行商和开发者需要承担设计责任，即在设计的过程中他们应富有责任感，心存善念，而不是利用人们的生活或者利用人们的弱点。我认为这是开发者的责任。我想说的是，开发者应该创造一种好的体验，而不只是把它当成一种获取收入的手段，尤其是不要通过使玩家上瘾来获得收入。未来，我希望看到一个宣言，相当于希波克拉底誓言（Hippocratic Oath）①，即创作者和设计师宣称自己不会制造伤害。虽然虚拟现实有能力做很多好事，但它也有能力产生伤害。

史蒂夫·彼得斯提出的概念

1. 体验应该允许用户有选择地参与，让感兴趣的用户能清楚地看到虚构和现实之间的界限。

2. 创作者应该考虑观众在特定的体验中可能产生的各种反应。对许多用户来说，感到被背叛、被欺骗或愚蠢通常会带来不愉快的体验。

3. 使用头戴式显示器的观众容易受到伤害。负责任的创作者应该尊重观众。

总结观点

任何有过虚拟现实体验的人都能理解史蒂夫·彼得斯关于观众脆弱性的警告。和其他叙事媒介相比，虚拟现实的观众需要更多的信任。这些关于沉浸式叙事的担忧必须在面向市场的新体验中被解决。然而，虚拟现实的伦理问题长期鲜为人知。我们可能会看到一些人沉迷于虚拟生活和体验，就像很多人沉迷于互联网一样。我们极有可能面临巨大的伦理挑战。创作者和讲故事的人最好在体验的每个阶段，根据经验不断地提出伦理问题。即使问题的答案并不是现成的，将潜在问题作为对话的一部分也会让用户和创作者受益匪浅。

沉浸式空间叙事的练习

以下练习有助于为虚拟现实、增强现实、混合现实和其他沉浸式空间创建叙事。

---

① 希波克拉底誓言：医学工作者的就职誓词，也被其他一些职业使用。其核心内容是对知识传授者心存感激；为服务对象谋利益，做自己有能力做的事；绝不利用职业便利做缺德乃至违法的事情；严格保守秘密，即尊重个人隐私，谨护商业秘密。

练习1：提出种子思想

目标

1. 确定叙事中的两个重要元素，如主角和外在目标。

2. 捕捉潜在的叙事灵感。

任务

第一部分

1. 列出你最喜欢的十部电影、游戏、电视节目、戏剧或小说。

2. 从列表中选择三个故事。

3. 用一句话讲述一个故事。这句话至少应该明确谁是主角，以及他要实现怎样的外在目标。如果你记不住外在目标与内在目标的区别，请参阅"外在目标"部分。

第二部分

1. 删除每个句子中的人名，用对此人的描述来代替名字。例如，用"寻求冒险的考古学家"之类的短语来代替"印第安纳·琼斯"。

2. 从外在目标中删除细节，并使其尽可能笼统。例如，如果角色的外在目标是"找到被绑架的儿子"，那么用"找回他最珍视的东西"这样的短语来代替。

第三部分

从每个句子中提取对人物的描述，并将其与其他句子中的外在目标进行混合和匹配，看是否有新的故事和想法出现。

注释

1. 不是所有的组合都会产生合乎逻辑的叙事。然而，有些组合可能会激发叙事灵感，使你创作出引人入胜的故事。

2. 考虑沉浸式空间中每种叙事的后果，并识别其优点和缺点。

练习2：塑造主要人物

目标

1. 用充足的内容来塑造一个人物（主角／英雄），使其能够承载叙事。

2. 为未来的叙事捕捉潜在人物的想法。

任务

开发你能想到的最有趣的角色。使用下面的清单来构建人物的生活和个性的各个方面：

1. 姓名；

2. 性别；

3. 年龄；

4. 种族；

5. 社会经济地位；

6. 职业；

7. 关系状况；

8. 内在冲突（内心被什么困扰）；

9. 内在目标（内心渴望什么东西）；

10. 外在目标（提示：应该是能被看到的。换句话说，你应该能够拍一张照片）；

11. 外在冲突（对立势力）；

12. 写一两段话详细描述人物，同时考虑在沉浸式空间中观众遇到该人物的方式。

练习 3：构建简单叙事

目标

1. 用严密的逻辑和坚实的结构构建故事。

2. 在构建整体故事时练习使用叙事元素。

任务

构建你能想到的最有趣的故事。为故事设定一个两段的基调，但在此之前，请提供以下内容。

1. 一句话原则：用一句话讲述你的故事。这句话至少应该明确谁是主角，以及他要实现怎样的外在目标。

2. 谁是故事的主要人物？对他做一个简单的描述。（如果有困难，请参阅练习 2。）

3. 主要人物想要完成的一件可测量的、直观的事情是什么？（如果有困难，请参阅"外在目标"部分。）

4. 在故事的最后，你的角色会做出什么样的视觉选择，让我们知道他已经完成了外在目标？（记住，我们不能看到一个角色"意识到"或"学到"某些东西，我们必须看到表明他已经学会或实现某些东西的行动。）

5. 在你的故事中，谁或者什么是对立势力？

6. 叙事能在沉浸式空间中发挥作用吗？是否有适合该媒介的元素？其他元素是否会对该媒介不利？

6 虚拟现实中的人物

求解 x

如前所述，在艺术创作领域，公式不是一成不变的。通常，人们将叙事视为基本补充。虽然在沉浸式空间中建立一种类似于 $a+b=c$ 的简单的叙事方法这个想法非常诱人，但经验告诉我们，现实更接近 $a+x=c$。我们的任务是求解 x。在本质上，讲故事更像代数而不是加法。x 可能是一个移动的目标，拥有许多影响其结果的变量，它会随着类型、受众和创作意图的变化而变化。当然这并不是说没有指导代数的公式。当然有。数学家使用数字来解决复杂的方程，我们则可以用类似的方法来创作叙事。

叙事碎片

特定叙事元素在任何文化的故事中都被使用，我们把这些元素称为"叙事碎片"。故事世界就像是一块巨大的玻璃，包含所有叙事风格中的每一个元素。我们如果把那块玻璃打碎，然后观察碎片，就会发现那些碎片能组成更大的玻璃整体。碎片的概念可能比将整个故事想象成一个由机器切割而成的拼图更有帮助。玻璃碎片的非精确性和抽象性更好地隐喻了这些元素在实际创作中的使用方式。一般而言，某些碎片是通用的，如角色。我们很难想象，有人会把一个人物都没有的叙事称为故事。其他碎片，如同谋，对于叙事研究领域之外的人来说可能不太熟悉。在许多情况下，碎片是故事等式中的 x。我们常常会不自觉地，甚至最终会有意识地追问在特定的叙事情境中哪些碎片最有价值。

叙事碎片也经常出现在实验性作品以及不符合故事的传统定义的故事中。例如，特伦斯·马利克（Terrence Malick）的一些作品更像视觉诗歌，而不是故事。马利克总是在作品中使用叙事碎片与象征性意象相结合的方式，对主题进行发人深省的探索。他的作品时而符合三幕式结构的要求，时而又没那么符合三幕式结构的要求。然而，我们可以很容易地识别出他每部电影中的叙事碎片。碎片的使用和排列方式取决于艺术家，我们甚至可以把这些碎片比喻成画家调色板上的颜色。颜色能直观地表现静物图像，也能混合或组合起来，创建新的抽象概念，对不同的观众产生不同的意义。如果将沉浸式片段视为画布，那么我们可以混合各种叙事碎片来制作虚拟现实电影、游戏或体验。一整篇文章可用于定义和探索这些叙事碎片。以下是沉浸式领域中一些有用的碎片。一些术语的定义来自我以前与杰里米·卡斯珀（Jeremy Casper）合著的一本书——《电影世界的大师：新媒体世界写作的密码》①。

人物

人物通常是人、动物或无生命的物体的总称。就算人物是无生命的，它也通常具备人类的特征。当然，故事是围绕人物展开的。虽然有些故事是围绕概念制作的，但如果我们不能在观众与人物之间建立自然的联系，那么就会错过一些引起共鸣的机会。在虚拟现实等沉浸式媒介中，人物很可能就是观众自己。

主角

主角是故事的主要人物，有时也被称为"男主角"或"女主角"。整个故事通过一个或多个人物展开。在某些情况下，几个人物或一群人会成为主角势力。在成熟的故事中，主角应该有一个非常明确的外在目标。他在故事过程中必须追求这一目标，同时需要解决内在冲突。主角必须是能够在故事结尾做出可信且积极选择的人。这一行为可以告知观众主角的角色弧线已经完成。即使观众是主角，这一点也成立。

---

① Bucher, John and Jeremy Casper. *Master of the Cinematic Universe: The Secret Code to Writing in the New World of Media*. Los Angeles: Michael Weise Productions, 2016. Print.

对立角色

对立角色或对立势力是主角的对手。对立角色的目标与主角的目标完全相反，这是讲故事时常见的一种误解，即这种方法其实不会使故事冲突最大化，因为两个角色都有可能实现他们的目标而不必彼此对峙，甚至处于不同的空间。在精心设计的故事中，主角和对立角色会想得到同样的东西，类似两个足球队都想赢得重要比赛，两个冒险家都想找到终极宝藏，超级英雄和超级恶棍都想控制城市的街道，两个男孩都想得到某个女孩的爱。这样的例子不胜枚举。

冲突

冲突是故事的引擎，驱动着事件的发展。如果没有冲突，主角的旅程就没有理由继续。冲突可能以角色的形式出现（如对立角色），可能是一颗定时炸弹，也可能是一场自然灾害，还可能是内在的心魔，或者是任何给主角带来问题或阻碍他实现目标的力量。

外在目标

外在目标是主角花费大部分时间试图实现的目标。不管主角是否喜欢这个目标，这个目标都应该是必要的。它应该是驱动主角前进的东西。在精心设计的故事中，结局将揭示主角是否实现了该目标。有时候，主角没有得到想要的东西，而是得到了需要的东西。这种结局会更让人印象深刻。

内在目标

内在目标是主角内心深处想要的东西，实现它甚至比实现外在目标更重要。一般而言，它具体表现为寻找爱、获得认可，或者其他人类普遍的需要。内在目标有时极其明显，有时非常模糊，无法言述。在某些沉浸式体验中，内在目标可能是必要的，也可能不是。

结局

结局揭示了主角一直试图解决的问题的答案，即他是否实现了外在目标。一个好的解决方案也会涉及故事发生的世界：当主角完成旅程后，现在的世界是否变得更好了？

外部故事

外部故事指的是故事主角的外部旅程，也就是主角想要什么。一个优秀的外部故事应该有一个明确的外在目标——当目标实现时，我们能够看到的或被直观表现出来的东西。对于大多数沉浸式体验来说，外部故事几乎不可或缺。

内部故事

内部故事指的是故事主角的内心旅程，即主角需要什么。内部故事要求主角有内在弱点或缺陷。在旅程中，主角必须发现并正视这一弱点。最后，内部故事会揭示主角的内心问题是否得到了解决。虽然它的用途很强大，但在虚拟现实体验中它可能有，也可能没有。

内在缺陷

内在缺陷是主角必须克服的内在弱点，往往源于主角的自欺欺人。在故事开始时，主角往往并没有意识到自己的内在缺陷。随着故事的发展，他发现了这个缺陷，并与之进行斗争。直到最后，他必须选择是否要克服自己的内在缺陷。

诱发事件

多年来，故事大师们用了很多名字来称呼这一叙事元素，但不管怎么称呼它，它都是必需的。诱发事件是故事开始的时刻，是主角意识到自己外在目标的时刻。在诱发事件之后，主角的一切都应该有所变化。诱发事件迫使主角决定是否继续旅程。

反转

故事中发生了意想不到的事情就是反转。如果观众希望角色做出某个决定，而他却做了相反的选择，这个碎片就会显得特别有意思。反转也可以指随着故事的发展，主角和对立角色之间发生的命运变化。

人物弧线

人物弧线是指主角在故事发展过程中的变化。在精心制作的故事中，人物会在故事的结尾成长、发展、学到东西并认清真相。但我们必须记住，这些元素是人物内心旅程的一部分。它们不像外部旅程那样能让观众直接体验到，除非观众是体验中的主角。

沉浸故事中的身体的作用

我们可能熟悉许多叙事碎片，尽管它们名字各异。"故事"这个概念很古老，在出现"虚拟现实"等诸多概念之前它就诞生了。为了充分理解和接受叙事碎片，我们可能需要谈到一个观点。这个观点能帮助人们理解沉浸式空间中的用户，特别是交互和具身化的叙事体验（如电子游戏）中的用户。

我们可以很容易地追溯过往，而关于叙事、身体和机器思想的讨论源自雷尼·笛卡儿。笛卡儿提出了身心二元论等现代问题。许多学者认为，对于笛卡儿来说，意识是心灵的决定性属性。[①] 心灵完全存在于虚拟现实空间中，身体则不是，它表现为不同程度的交互性和掌控力。笛卡儿提出了以下论点，以证明心灵和身体是不同的物质：

> 接下来，我仔细地检查了自己是谁。我知道，虽然我可以假装自己没有身体，假装世界并不存在，假装没有我可以存在的地方，但我不能假装我不存在。相反地，我知道，仅仅是我怀疑其他事物的真实性这一事实，就能明显地、肯定地表明我的存在。如果我停止了思考，那么即使我曾经想象的其他一切都属实，我也没有理由相信我的存在。由此，我知道我是一种物质，它的全部本质或性质仅仅是思考。它的存在不需要任何地方，也不依赖任何物质。[②]

后来，笛卡儿在《沉思录》（*Meditations*）中改变了论证结构。[③] 在"第二沉思"中，他确定他不能怀疑自己作为有思想的物质的存在，但可以怀疑物质的存在。然而，他明确拒绝以此推理出思想与身体不同的结论，理由是他仍然不知道自己的本性。[④] 这种"身心

---

① Rozemond, Marleen. *Descartes's Dualism*. Cambridge: Harvard University Press, 1998.

② Descartes, René. *Discourse on Method*. 6: 32–33. N.p. Broadview, 2017. Print.

③ Descartes, René. Laurence J. Lafleur. *Meditations on First Philosophy*. 7: 27. Indianapolis: Bobbs-Merrill, 1951. Print.

④ Ibid.

辩论"的观点在当今时代持续发酵。在虚拟现实中，身体和心灵之间仍然存在着分歧，尽管大多数人都认为，通过媒介化的方式展现我们作为真实物质存在的身体，甚至达到真假难辨的程度，只是个时间问题。对于创造一种探索沉浸式环境和故事的新语言来说，围绕身心问题所展开的讨论的明显差异和细微差别具有重要意义。技术导致了这些差异，对此我们必须现实地看待目前所处的位置。同时，我们也应该意识到技术发展的可能方向。在他的作品《方法论》（*Discourse on Method*）的第五部分中，笛卡儿研究了动物的本性以及动物与人类的区别。笛卡儿认为，如果制造一台形似动物的机器，那么我们可能无法将这台机器与自然界中的真实动物区别开来。但是，如果制造出一个人形机器，因为它不会使用语言，所以我们很容易就能将其与真正的人区别开来。笛卡儿的观点是，语言的使用是理性的标志，只有被赋予思想或灵魂的物质才是理性的。当然，他在世的时候，计算机以及人工智能技术尚未面世，不然他的假设会受到严重质疑。

笛卡儿的思想在哲学史上不断发展。在我们设计沉浸式空间中的观众体验时，他提出的身心二元论及重要问题，都值得我们思考。当人类进入虚拟空间，特别是像虚拟现实这样的沉浸式环境时，那些支撑着人生哲学并影响叙事的人性准则是否依然适用呢？是否需要开发新的思想和哲学，将人类在这个新空间内假想的机械形式融入其中呢？所有人都会以同样的方式体验自己的身体吗？创造进一步模糊身心界限的体验面临哪些挑战和伦理困境呢？历史学家迈克尔·扎勒（Michael Saler）认为，角色扮演游戏（也许还有一般的电子游戏）的"现实世界"摆脱了笛卡儿二元论的束缚。然而，笛卡儿的这一概念对于我们充分理解具身互动和游戏体验仍然很重要，并为未来身心关系的发展奠定了基础。

虚拟沉浸式空间中的替身角色

目前的技术允许一个人拥有完全不同的外在自我，这种自我常常以替身的形式出现。我们可以想象，与虚拟替身相关的复杂性和现实性会继续发展并获得更多关注。"化身"（avatar）是来自印度教的一个概念，字面意思是"降世"，指的是神在地球上的化身或形象。例如，印度教中的毗湿奴（Vishnu）或象头神（Ganesha）能够以人形出现，并与人类互动。神的化身或形象是多种多样的，神话的起源让化身有了现代意义。在虚拟空间中，替身指的是观众的具身化。长期以来，游戏一直使用虚拟替身来吸引玩家，使其获得更具沉浸感的体验。社交媒体和互联网上类似的体验进一步深化了"虚拟替身"的概念。

虚拟现实、增强现实和混合现实为人们提供了前所未有的替身体验。现在，我们不仅可以在虚拟空间中拥有身体，还可以完全根据喜好来设计身体。体验者可以成为任何他想成为的人，这个人比他在头脑中想象的人物更加逼真。至于替身角色在叙事环境中的作用，可以确定的是，替身角色始终要以人物的形式呈现，要能够将体验者带进故事中，并且需要经过严格的人物开发，就像开发电影、电视剧以及游戏里的人物一样。饱满的人物形象或替身角色将给体验者带来与替身融为一体的感受。

聚焦表演：在沉浸式体验中通过戏剧讲故事

凯特·莱恩，女演员

凯特·莱恩（Keight Leighn）是一名来自洛杉矶的演员，曾在芝加哥剧院工作。她曾在许多沉浸式戏剧中扮演主角。她在《（A）8 号公寓》[（A）partment 8] 中扮演的角色获得了好莱坞艺穗节的认可。2016 年，这部作品也被《洛杉矶周刊》（LA Weekly ）誉为最受观众喜爱的沉浸式戏剧作品。

约翰·布赫：你学过戏剧吗？是否有过一个顿悟时刻，让你对演戏产生了兴趣？

凯特·莱恩：我在德保罗大学学习戏剧。但其实八岁的时候我就开始做暑期剧了。这要感谢我的祖母。我还有两个姐妹，她们都是演员。我并没有一个顿悟时刻。演戏一直是我所热爱的，也是我决心要做的事。我有与戏剧相关的家庭背景。我在很小的时候就开始学习，并不会轻易放弃。高中时，我进入实验剧场。那里的戏剧老师喜欢有争论性的东西，比如说让学生写关于自己乱伦的内容。他们认为这种诚实能造就好的戏剧，我也因此接触到了实验戏剧。然后我去了纽约的本体论－歇斯底里剧场（Ontological-Hysteric Theater），询问他们我能否在夏天为他们做保洁，因为我没法接受一整个夏天都不表演戏剧。他们说："嗯，我们确实有实习，但通常是为大学生准备的。"

他们面试了我，我得到了实习机会。整个夏天我都睡在布鲁克林一个储藏室里的瑜伽垫上。我学习了纽约的实验戏剧，也感受到了戏剧世界里艺术家的紧张感。

我开始和一个自称卡巴雷（Cabaret）的朋克摇滚乐队一起表演。我和歌手在表演时一拍即合，由此开始了表演创作。这段经历在很大程度上帮助我迈过了令我恐惧的门槛。

约翰·布赫：我们来简单谈谈你第一次接触的沉浸式作品。导演是怎么跟你描述的？她是怎么描绘整个画面的？我确定她不只是说"这是一部戏"。

凯特·莱恩：我想她的原话是："你将会和观众互动。这就像闪电约会一样。你是有人物弧线的。观众会换座位，而你将作为这个角色继续演绎故事。如果他们向你提问或跟你互动，你可以回答他们，我则会通过为你量身打造的排练过程来创作这个角色。"

约翰·布赫：你是如何为第一部戏中的人物做准备的？

凯特·莱恩：导演问了我们很多问题，基于此开发了剧本，并由此塑造了人物。接着，她把故事讲给我们听，并引导我们以某种方式作答。然后，她根据我们的角色和提供的故事线进行创作。最后，她把真正的剧本寄了过来。到那时，我们已经很自然地理解了自己的角色。这并不是一蹴而就的。我们并没有直接从剧本开始。

约翰·布赫：你有固定的台词要说吗？

凯特·莱恩：是的。为了在作品中创造故事，我们必须遵照特定的节拍。在听其他人物的故事时，你会发现这些故事是交织在一起的。

约翰·布赫：你从第一次经历中学到了什么？

凯特·莱恩：总会有出路的，即使遇到疯狂的人向你抛边球。他们只是想看看能不能把你击倒，这就是他们存在的意义。坐在那儿跟人互动，这就是你要做的。你会想明白的，会明白如何让故事发挥作用。你得学会在带电的电线上工作。小时候，我参加过夏令剧目表演。表演场地是谷仓。有一次一只蝙蝠飞了出来。这就是戏剧的魔力，你必须在那个情境里表演，并把它演活。

约翰·布赫：有了沉浸式体验，演员和观众之间就有了更深的信任。你想过这一点吗？如果有人做了什么奇怪的事，你会回应吗？你是怎么做的？

凯特·莱恩：我默认自己信任别人。我必须这么做。

约翰·布赫：男人和女人的反应是不同的吗？还是所有个体反应都一样？

凯特·莱恩：有趣的是，男人和女人的反应确实不同。我认为跟男性观众互动更困难一些，但并不是你想象的那样。这儿一个老大，那儿一个老大，那么谁在控制局面呢？有些人真的很强硬，他们就是不让你进入角色。

约翰·布赫：有时候这是一种超出大脑处理语言能力的交流？

凯特·莱恩：海德格尔称之为"林中空地"（the clearing）。这是诗歌，是必须创造新语言的领域，是相对于其他事物而言的林中空地。

约翰·布赫：交互式戏剧中是否存在与迈斯纳表演体系等效的方法？

凯特·莱恩：你可以做任何事。于我而言，这就是沉浸式戏剧的意义。

约翰·布赫：这是一种来回传递的能量，而不是技术，对吗？

凯特·莱恩：这是最基本的，你要时刻准备应对每一个微表情。

约翰·布赫：比如有一个从来没有参与过沉浸式戏剧的演员，现在他要首次参与，你会对他说些什么呢？他应该如何为这种体验做准备呢？

凯特·莱恩：这取决于表演的人是谁，以及他的个性是什么样的。你可能会使用以前不怎么使用的肌肉。虽然不是完全不同，但到底还是不一样的。你的目标是让观众经历一次体验。你需要询问自己体验的目标是什么，这是首要的。当有人做错事时，你可能很难释怀，或者会感到沮丧。如果你是演员，那就应该彻底抛开所有这些。你必须带着骑野马的心态去面对，目标是让它带你回家。你要么骗它，要么喂它，要么打败它。你需要利用你对自己的了解展开行动。

凯特·莱恩提出的概念

1. 在沉浸式空间中表演需要演员有一定的无畏精神。

2. 在沉浸式环境中，演员和观众之间的信任度更高。

3. 在沉浸式空间中表演时，对自己有深刻的了解是很有帮助的。

总结观点

　　动画和数字创造的人物能让创作者以前所未有的方式讲故事。当你知道有个人负责向你传达故事的细微差别时，你会感到某种安慰。"恐怖谷"一词被用来描述最逼真的数字作品与真实人类之间存在的差距。当遇到长得像我们、说话像我们、行动像我们，但它却不是我们中的一员的生物时，我们的内心会产生难以表达的东西。人工智能将继续前进，很可能有一天创造出具有类人意识的机器。更重要的是，我们能否赋予那些机器良知。直到那时，人类尽管有着各种不完美，有着千差万别的特质，但也将创造出完全沉浸式的体验。

虚拟现实的主角

沉浸式体验塑造的最为重要的角色（或替身）是主角。根据媒介特性，为了让受众识别主角，创作者使用了多种方法。在小说中，主角大多是向读者讲述故事的角色。在戏剧中，配角常常在主角出场前讨论他们。在电影中，创作者会使用多种技巧，包括灯光、镜头，在突出的时间和地点对主角进行定位。然而，虚拟现实是一块新画布，我们必须从其他类型的媒介中汲取元素来确立主角，同时塑造新的主角。

1）通过位置、灯光和对话塑造主角

与电影有关的视觉语言已经为观众所熟悉。看电影的人越来越多，持续几代人都在讲"电影语言"。电影使用过多种手法来告知观众，他们看到的人是故事的主角，其中一些手法今天仍然适用。有必要说明的是，这些是可以使用的形式，而不是必须遵守的规则。

首先是位置。好莱坞使用多年的一种手法是让主角第一个出现在屏幕上。大脑倾向于对事物进行排序，以及围绕所看到的事物来组织结构。屏幕上出现的第一个人物是排序的起点，所以大脑会将他置于即将展开的戏剧金字塔的顶端。更为重要的是，观众能够看到这个人物的脸，甚至眼睛。第一个人物通常也是第一个说话的人，观众会很快熟悉他的样子、声音以及举止。然后，观众将其他人物引入叙述。观众在戴上头戴式显示器后，需要一些时间来定位。在这种情况下，使用这种技巧塑造主角非常有效。有些故事一开始就有两个或更多的人物在说话与互动，所以使用这种方法可能很困难。为了显示主角的主导地位，我们可以将主角置于画幅的中心或向右轴移动。有时候，我们可以将主角放在其他所有人物前面一点的位置。当在沉浸式环境中使用 Z 轴时，这种方法最奏效。

其次是灯光。在沉浸式叙事中，灯光始终是一个经历新技术成长痛苦的领域。许多创作者在虚拟现实中使用动画，就是为了避免灯光带来的麻烦。在沉浸式环境中，要把灯光作为一种实用元素，

其实有多种方法。许多制作技术也允许用舞台灯光拍摄，在后期制作中处理掉这些设备就行。因此，我们不应该忽视灯光这个能够塑造主角的工具。主角往往出现在特定的灯光下，但有时候主角是从一个光线稍暗的地方出现，然后走到既定的灯光下，给观众一个视觉提示，即人物在故事中逐渐突出。

最后是对话。就像之前提到的一样，早期的好莱坞技术是让主角在故事中先发声，这仍然是一种有用的技巧。然而，即使其他人物在开场时先开口说话，主角也应该是大多数场景对话的推动者。这就告诉观众，主角不是受害者。观众历来对受害者产生的共鸣较低。相反，当主角推动对话时，观众会觉得他正在艰难地抉择，进而更易于与主角产生共鸣。当然，这并不意味着主角从不示弱。成熟的作家知道如何让主角通过表现出弱点来推进人物及故事的发展，这种弱点是在对话中建立的。一个多世纪的电影故事教会了观众寻找主角，主角是最有能力做出改变的人物，也是最具角色弧度的人物。如果叙事没有给人物留出成长空间，没有让他们在旅程即将结束时做出艰难的决定，或者学到一些东西，那么观众在故事中的感情投入会面临更大的风险。

2）通过第一人称叙事塑造主角

当然，在虚拟现实中，观众往往是故事的主角。这使得有些技巧可能无用武之地，而有些技巧的使用率大大提升。虽然灯光和对话变得不那么重要，但定位仍然很重要。在虚拟现实中，我们必须在"吸引观众"和"让观众当主角"之间取得平衡。我们常常认为自己是人生故事的主角，因此第一人称的体验往往会让我们感觉自己是默认的主角。然而，允许观众使用第一人称视角，并不意味着他们就是体验中的主角。因此，不仅在空间中安置观众变得重要，而且在叙事中安置观众也变得重要。

正如在前一节中所提到的，观众在进入虚拟现实前，对视觉叙事作品已经有了很多了解。如果想让观众认为自己是体验中的主角，就必须让他们感受到自驱力，这和在游戏与电影中的体验一样。如果观众意识到自己有能力改变，能够作出决定，或者能够在整个旅程中有所得，他们就会觉得自己是在推动故事的发展。这些元素通常被称为"观众的掌控力"。观众在叙事中体验到变化的程度和方式可能取决于多重因素。无论是交互式的，还是电影式的，体验的目的以及在沉浸式空间中停留的时长，都会影响观众体验变化的能力。观众如何变化也取决于很多因素。例如，在虚拟现实游戏体验中，玩家可能会通过获得比游戏开始时更多的武器或力量而改变。如果观众想要从叙事中获得某种程度的回报或满足感，那么他们在叙事开始时就知道这些改变是可能的。这是他们心理体验的重要组成部分。

只有当主角，也就是这种情况下的观众，被允许作出决定或至少感觉自己作出了决定时，变化才会发生。在电影中，当银幕上的人物作出了观众觉得自己也会作出的决定时，观众会感觉自己仿佛做出了决定。有些电影通过设置反转而获得成功。在恐怖片中，当主角打开一扇在现实生活中不会被打开的门时，观众可能会感到兴奋。即使观众是在电影叙事中，这种体验也能发挥作用，但严格说来，观众并没有作出决定。观众在体验故事主题时，会觉得自己学到了一些东西。在这种情况下，"学习"一词指的是当观众对某个想法产生强烈共鸣，或者在某些方面觉得自己与体验之初有所不同时，他们会感受到的精神奖励。在恐怖片观赏体验中，主题可能很简单，即当我们不知道门后有什么时就不要开门。在那种特殊的体验中，观众将通过开门和应对眼前的恐惧来体验这一主题。无论是交互式叙事还是电影式叙事，观众都希望在体验中表达情感需求。因此，在叙事开发过程中，我们应该优先考虑主题。

建立虚拟现实主角的外在目标

我们一旦确定了体验中的主角是谁，就需要快速确定其他因素，首先是主角的外在目标。外在目标是屏幕上的人物所完成的事情，而不是他内在发生的一些改变或获得的成功。创作者应该在体验早期就明确外在目标，除非整个体验的目的是让观众自行探索和闲逛。我们应该意识到，许多观众很快就会厌倦这类体验，除非引入一个目标或一类叙事。观众能越快地了解在体验中可以做什么，就能越快地投入其中。

许多创作者都在外在目标上挣扎，并经常将其与内在目标混为一谈。例如，寻找爱情并不是一个让人印象深刻的外在目标，因为这是人物的心理活动。严格来说，我们没法看到某人找到了真爱，也无法拍照记录下那个过程。我们只能看到真爱发生的瞬间。我们无法知道真爱是否降临，因而无法真正知道目标是否已经实现。又如，找个舞伴参加舞会是一个令人印象深刻的外在目标。我们可以看到这个目标已经实现，也可以把它拍下来。图片测试（picture test）就是一个确定是否建立了有效外在目标的好方法。

建立虚拟现实主角的内在目标

在叙事中，内在目标可能很难执行，特别是当叙事围绕着一些外在目标，如杀死僵尸时。即使外在目标是一种简单的推断，观众也会在心里问："为什么要杀死这些僵尸？"如果杀死僵尸的理由超越了僵尸是坏蛋或僵尸是令人恶心的，那么观众就会对游戏投入更深。简单的叙事动机，如僵尸杀死了主角的父亲，就足以为可信的内在目标提供动力——主角通常需要为父亲报仇。沉浸式体验越简单，内在目标可能就越简单。然而，强化体验主题的内在目标，往往会让人们在了解情节发展后仍回到故事中。

在第三人称体验中，内在目标往往是主角完全没有意识到的东西。故事里的其他人物可能会在故事开始时提到它，而主角需要随着整个叙事的发展认识到这是一个内在目标。在第一人称体验中，内在目标可能永远不会被直接表述出来，这也正是观众扮演角色的动机。因为观众会将不同的经历带入沉浸式空间，所以内在目标应尽可能具有普遍性和典型性，以确保绝大多数观众与之产生共鸣。了解体验主题有助于确定主角的内在目标。如果能够明确所创造的体验是关于宽恕、克服恐惧或面对孤独的，那么我们便能轻松地执行主角的内在目标，因为这些元素都是相通的。目前的虚拟现实技术适合为单个观众带来独自体验，所以如果知道参与体验人群的具体情况，那么内在目标的确定可能会更加有针对性，或者更加精准，甚至更具个性化。

虚拟现实中的对立角色

完成对主角的创造后，我们便需要专注于构建第二个重要人物——对立角色。某些叙事中存在一种对抗的群体力量，而不是让对立只存在于单一的人物之间。这种力量可能是政府等社会机构，也可能是龙卷风等自然力量，甚至可能是僵尸等超自然力量。这种力量无论是表现在一个人物身上，还是代表了一个群体或某个概念，其中都应该包含一些与主角实现目标相对立的东西。

简单起见，我们将产生对立可能性的一切都称为"对立角色"。对立角色应该和主角一样有实现目标的动力，他们面临的风险应该同样高。换句话说，主角和对立角色应该是旗鼓相当的。

让对立角色和主角势均力敌的方法之一，是让对立角色有必须实现目标的充分的理由，只不过他们的动机或方法是有缺陷的。例如，达思·韦德（Darth Vader）和卢克·天行者（Luke Skywalker）都想控制银河系，但他们为目标而奋斗的理由各不相同，并且会用不同的方式去实现目标。韦德有充分的理由希望帝国取得成功，他想在混乱中恢复秩序，伴随秩序而来的是他的铁腕政策。天行者所追求的秩序中带有自由。在《星球大战》中，我们看到两种对立的理念在不断地争夺观众。随着冲突的展开，势均力敌的对手和充分的理由会让观众沉浸在故事中。

1）通过位置、灯光和对话塑造对立角色

一旦观众确定了叙事的主角，对立角色就呼之欲出了。行动和许多细节都能非常明显地塑造对立角色。其中，有几种方法很好用。

首先是位置。对立角色在屏幕上的位置可能取决于主角的位置，但将对立角色放到阴影处、角落里或偏离轴线的位置，的确能给观众带来提示，即该人物还有需要进一步研究的地方。

其次是灯光。将灯光打在对立角色的脸部，制造出阴影，也可以在视觉上显示该人物的阴暗特性，甚至让对立角色更加靠近主角或观众，从而增加场景的紧张感。观众会感受到威胁，而这可能正是创作者的目的。

最后是对话。创作者往往通过对话来充分塑造对立角色。虽然有些对话在确定角色的动机和表演方法方面很有必要，但对立角色向另一人物解释叙事情节的场景很容易让观众感到无趣。在视觉叙事中，对立角色的行动远远比言语重要。通常，让对立角色说一套做一套会深化其邪恶或虚伪的本质，观众也会对对立角色及其目标感到反感。对话对塑造对立角色来说很重要，但过分依赖对话也会给创作者带来叙事方面的问题。

2）通过第一人称叙事塑造对立角色

有些虚拟现实体验可能会让观众成为故事中的对立角色。在这种情况下，我们将使用之前提到的塑造主角的大部分技巧来塑造对立角色。在这些体验中，观众的乐趣在于明知道这样做是极其不道

德的，但仍然投身其中——这是许多人喜欢的心理幻想。在某些情况下，它是健康的。即使观众不是故事中的直接对立角色，也符合反主角的定义。对于他们来说，许多原则也都是适用的。

附加人物

大多数故事会扩展到主角和对立角色的旅程之外。对于观众来说，附加人物可能会是最难忘和最有趣的角色。重要的是，附加人物必须带有叙事目的，这一目的通常与主角或对立角色及各自的目标有关。从某种意义上说，这些人物要么帮助主角朝着目标前进，要么积极地阻止主角接近目标。这些人物形式多样，有着大量的原型，如最好的朋友、睿智的老者、奴仆、刻薄的同事、讨厌的老板。他们在故事中占有一席之地。

练习 4：构建更高级的叙事

目标

1. 用严密的逻辑和坚实的结构构思一个更高级的故事。

2. 练习运用叙事元素来建构整体叙事。

任务

按照练习 3 的说明创作一份两页的故事，但这一次，要谨慎使用相关技巧，因为它们有时会被过度倚仗。具体要求如下：

1. 没有旁白；

2. 没有闪回，没有预叙，没有实时调整；

3. 没有梦境片段；

4. 不在脑海里脑补故事；

5. 不把无生命物作为主角；

6. 主角没有被恶魔附身或者患有精神分裂症；

7. 主角没有智力障碍；

8. 主角不要无家可归；

9. 主角不要有强迫症；

10. 主角不是瘾君子；

11. 没有不能改变的角色。

（备注：6 ~ 10 点表现出主角自身的挣扎。虽然这些挣扎可以让主角看起来更有

趣，但也会让主角面临一些长时间无法改变的问题。如果你选择创作一个与这些问题抗争的主角，那么不应该围绕着主角解决这些问题展开。）

练习 5：识别对立角色或对立势力

目标

展示在故事中识别强大的对立角色或对立势力的特征的能力。

任务

从你喜欢的故事中找出 20 个强大的对立角色或对立势力。为角色命名，说出他们认同的故事，以及角色的外在目标。（记住，强大的对立角色或对立势力与主角有着相同的目标。如果有困难，请参阅"虚拟现实中的对立角色"部分。）

相关内容的整理包括三个重点：对立角色 / 对立势力、故事、外在目标。

练习 6：确定内在旅程

目标

展示识别故事内在旅程并利用它强化外在旅程的能力。

任务

找出主角进行有意义的内在旅程的五个故事。写两页纸，说明内在旅程是如何强化和影响外在旅程的。确定人物的内在目标和冲突，同时讨论讲故事的人是如何给人物的内在旅程提供外部线索的。相关内容的整理包括四个重点：故事、主角、内在旅程 / 目标 / 冲突、内在旅程的视觉提示。

7 创作叙事结构

　　在为视觉媒介创作故事时，人们对结构的作用一直有不同的认识。电影、电视、游戏甚至漫画的作者常常被必须是戏剧性结构这一要求激怒。在某种程度上，这个问题是写作艺术所独有的。很少有音乐家会对使用音符、节拍、按键以及和弦感到愤怒，很少有画家因为过去其他画家使用过蓝色就弃用蓝色，很少有建筑师因为所有房屋都有门窗、地板、天花板就在自己的设计中摒弃这些元素，但作家会花大量时间避免使用读者熟悉的比喻。许多创作者并没有意识到，基本的叙事结构实际上是基于人类大脑解决问题的方式的。当观众看到他们所观看的故事中的模式时，叙事结构会为大脑提供一种自然的化学奖励。这些模式允许观众从体验中创造意义，这一点在本书开头已经说过。本节会再次提及这个重要的观点，即结构是形式，而非公式。

　　回顾一下，亚里士多德在《诗学》（Poetics）中首先阐述了基本的三幕式结构。从本质上讲，亚里士多德认为故事应该有开头、中间和结尾。他对三幕中的每一幕的具体内容讲得比较含糊。许多教师在详细说明每一幕的节拍和时刻时，列出了哪些地方会呈现出最佳效果。对于对细节更感兴趣的人来说，悉德·菲尔德（Syd Field）和克里斯·沃格勒（Chris Vogler）的工作是必不可少的。与其勾勒出每一幕中构建叙事的精确节拍，不如研究一个更为广泛的视角。关于三幕式结构，请参阅第5章的详细介绍。在进一步研究结构之前，应该指出的是，三幕式结构并不是唯一可能的叙事方式，其他结构也同时存在。还有一些叙事完全摒弃了三幕式结构，采取了更抽象的方法，也取得了巨大的成功。但是，这些特殊的故事是由艺术大师创作的，而大师的数量屈指可数。从某种意义上说，三幕式结构利用了观众头脑中所存在的结构，成为利用效率吸引现代观众的重要工具。

隐喻、象征和反讽

尽管结构是创作鲜活叙事的骨骼，但真正令创作与众不同的是血肉，是毛发，是特征。巧妙地运用隐喻、象征和反讽可以构建特征。找到一种将相关元素无缝整合到叙事中的方法，可以为观众创造极大的参与感和乐趣。

1）隐喻

隐喻是指用一个想法直接表现另一个想法，并让人们对此进行比较。想象一下一对伴侣决定结束婚姻的场景。我们可以让两人讨论为什么必须结束这段婚姻，这是在通过对话向观众解释情节。然而，我们应该记住，我们是在视觉媒介中工作的，所以更富张力的场景应是一方从钥匙圈上取下钥匙，然后把钥匙从桌子的一端滑给另一方。这个场景通过视觉隐喻展现了婚姻的结束。这种表现方式比对话更具张力。

2）象征

在视觉场景中，钥匙成为关系的象征。与其让它只出现在一个场景中，不如用一些方法使它贯穿整个故事场景。值得注意的是，钥匙并不具有与一段关系相关的内在特质，这就避免了以象征手法来迎合观众。象征主义的风险在于，既要让观众理解象征，又不至于因过于显而易见而让观众感觉智商受到侮辱。

3）反讽

反讽在叙事中可能有多种含义，但就我们的目的而言，反讽关涉故事结局以及外部叙事（愿望／欲望）与内部叙事（需求）之间的关系。围绕主角及其旅程的叙事有四种类型的结尾：第一种是积极的，主角既得到了他们想要的，也得到了他们需要的；第二种是积极反讽，主角得到了他们需要的，但不是他们想要的；第三种是消极反讽，主角得到了他们想要的，但不是他们需要的；第四种是消极的，主角既得不到他们想要的，也得不到他们需要的。

在虚拟现实中制造诱发事件或催化剂

每个故事都需要一个加速叙事行为的时刻。在体验初期需要发生一些事，促使主角开启旅程，如一个电话通知他家中有人去世、旧情人再度出现、购买了一栋闹鬼的房子。所有这些场景都为我们确定每个角色的目标、动机以及制订行动计划创造了机会。在虚拟现实中，这个事件可能使观众发现自己正置身于沉浸式空间中，尤其是正在以第一人称进行体验。观众开始旅程所需的全部动力可能都源于此。很多时候，这一事件会更具戏剧性的意义，能迅速地让人物开始追求目标。在第一人称体验中，观众即使发现自己正身处虚拟空间中，也能够积极参与到叙事中，把一个事件当作完成任务的"起跑器"。任何叙事的最初几分钟都会给参与者提供方向。正是这一诱发事件加速了主角、对立角色和配角之间的冲突。

诱发事件的类型

多种方法都可以推动主角进入叙事行为。虽然不存在详尽无遗的清单，但以下几种方法可能有助于为沉浸式体验创建诱发事件。

1）神奇机会

如果故事一开始设定的背景是主角生活单调或工作艰难，那么意想不到的神奇机会是非常有效的。在游戏和交互体验中，进入虚拟空间必定会有神奇机会。在更成熟的叙事中，严谨的主题会从为主角提供这样机会的故事中产生——不能用魔力来解决问题。在故事接近尾声时，主角通常拒绝使用这种魔力，这是主角必须吸取的经验教训。内容比较简单的游戏和交互式体验可能是例外。

2）一个考验

在故事中，主角若想获得梦想的生活，必然要历经挑战。诱发事件引出对主角的考验。考验往往发生在主角的某些东西被剥夺或生命受到威胁之后。考验可能是多层次的，包括谜题、忍耐和冲突。如果考验就是故事的诱发事件，那么叙事中应该有一个隐含的或明确的时刻，代表主角接受了挑战。观众喜欢积极做出选择的主角，而非那些被简单地从一个场景抛到另一个场景的受害者。

3）敌人现身

当主角的生活因突如其来的力量而陷入混乱时，他必须选择面对新出现的敌人，或者放弃对他来说很重要的东西。正如前文所述，这种力量可能集中在一个中心人物身上，也可能不是。值得注意的是，当敌人拥有具体面孔时，观众往往会更容易理解主角的挣扎。如果要打败敌人，主角必须牺牲一些重要的东西，或者克服自己的某些缺陷。

4）缺失的部分

诱发事件往往以主角的生活中少了某个人的形式出现。主角很清楚，能赢得这个人，生活会更好。遗憾的是，主角最初不愿意填补缺失的这部分，这就需要有人说服他。同样地，诱发事件往往与主题有关。在这些故事中，主角必须认识到，缺失的部分不是财产，而是必须接触并为之牺牲的真实的人。只有当主角意识到这个人并不是缺失的部分，自己内心拒绝面对的事才是缺失的部分时，主角的人生才会变得完整，主角才有可能与他人建立健康的关系。当然，有时主角可能会完全失去缺失的部分。尽管许多虚拟现实叙事都聚焦于外在体验，但沉浸式体验的未来无疑将涉及更微妙的内在旅程。观众将被带入一个新世界中，去面对自己最基本的欲望和挣扎。

聚焦可视化：虚拟现实中的电影叙事

克里斯·爱德华兹，The Third Floor 公司的创始人、首席创作人、首席执行官

克里斯·爱德华兹（Chris Edwards）是 The Third Floor 公司的创始人兼首席执行官。该公司是世界领先的可视化预览工作室，每年可为 40 部大制作电影提供服务，最近的作品包括《复仇者联盟》（The Avengers）、《X 战警》（X-Men）、新版《哥斯拉》（Godzilla）、《地心引力》（Gravity）等。在为天行者牧场的乔治·卢卡斯工作之前，他的职业生涯始于迪士尼的数字电影摄影。

约翰·布赫： 在投身于虚拟现实之前，你已经在叙事方面有了相当大的成就。能谈谈你的虚拟现实初体验吗？你当时的想法是什么？

克里斯·爱德华兹：对我来说，早在虚拟现实出现之前，我就有两段重要的体验。虚拟现实让我立刻想起了它们。这两段体验一个是戏剧，另一个是主题公园。我觉得戏剧很像虚拟现实。戏剧导演要有能力安排所有人、物和场景并进行转换。演员可以打破第四堵墙，他们会走下过道，越过舞台。如果去看太阳马戏团的表演，我们可能会看到有人被蹦极绳吊着。如果去看平克·弗洛伊德（Pink Floyd）的《墙》（*The Wall*），我们可能会看到很多与观众有关的东西，包括各式各样的媒介和周围的实物。

当第一次看到虚拟现实时，我对实际发生的事情并没有太深的印象，因为我知道现实中早就有人这么做过了。它沿用了主题公园的思路，而且两者非常相似。它的全部意义在于超越屏幕，真正走进角色的世界。即使是在最初的迪士尼乐园，你也可以参与叙事，成为睡美人故事的一部分，或成为任何一部迪士尼经典的一部分。然而这都是一堆机械的噱头，它们会在适当的时候出现，给人留下深刻的印象。

现在我要快进到对虚拟现实电影语言的讨论。科学家在研讨会上说："好吧，这太新了，未来几十年我们都无法知道它的完整语言。这是一个漫长的过程。我们还没有太多结论。"我说："不，我们其实已经有了很多结论。"当然，虚拟现实的一些特性是为这种新媒介定制的，其余大多数则以传统的电影为基础的。电影只是一种媒介，影像通过矩形画幅呈现出来，而现在我们正在超越这个矩形画幅。

许多人仍然认为虚拟现实是一个二选一的决定，是一个开关。你必须使用完整的 360 度视频，否则将一事无成。这就又回到了传统媒介的问题上。我认为这需要考虑体验的环境，因为有时候 180 度也可以产生虚拟现实。我们甚至可以在不同媒介上放置浮动窗口，用单个小镜头拼出一张大图。

我认为虚拟现实语言实际上相当复杂，以后还会不断创造新媒介的亚类型。很多人对虚拟现实的某些推介形式印象深刻：它类似于生活中的某个地方，就像新闻和纪录片那样。从进入虚拟现实的那一刻起，人们就觉得真实，并愿意一直向前。但我们在虚拟现实里没法真正行走，甚至不能从一边挪到另一边，也没有双眼视差。它仍然只是被规定的图像，对每个人来说都是一样的，只是大家目光投向的地方不同罢了。

我认为这种 360 度的虚拟现实视频非常简单，可能不太会引起消费者的兴趣，除非它达到某种艺术水平，比如由好莱坞最好的创作者用最新的技术来创作，这样才能使观众享受到真正的娱乐体验，也才能使观众徜徉更久。虚拟现实要想让绝大多数观众迅速沉迷或者感兴趣，必须提供更多的存在感，至少要有一些可以挪动的区域。观众即使不能大步运动，也可以进行有限的互动。

约翰·布赫：　让我们在此基础上再谈一谈，我认为这很重要。我与谷歌的杰茜卡·布里尔哈特聊过，我们谈到了体验的本质以及当前文化中的人们对体验的需求。你能从哲学的角度把你所说的联系起来吗？为什么有时候 180 度或 270 度的体验就足够了？

克里斯·爱德华兹：　从根本上说，虚拟现实的酷炫之处在于我们不仅可以体验别人的经历，还可以把体验添加并收藏到自己丰富的生活之中。这就像人们喜欢在 iTunes 上下载他们喜欢的音乐一样。音乐是别人创作的，但欣赏其独特声音的是你，它给你带来了某种情感。不管是不是听完了整张专辑，你都会想要收集它，拥有它，从而确保你需要时它就在那里。这是人类的固有反应。

我认为这就是虚拟现实的发展方向。人们会选择自己认同的体验类型，也会推崇某种风格的虚拟现实创作者，从收集实时体育赛事的虚拟现实版本开始，到可以永久保存、可以互动、可以自主建设，甚至可以自由选择的冒险世界，如像虚拟现实游戏《我的世界》（Minecraft）一样的应用程序。这里没有正确答案，你想要什么都行。

有一些深入人心的东西正在揭开未来的面纱。令人兴奋的是，历史上第一次有这么多行业和大型科技公司能够迅速转移重心，成立新部门或者为虚拟现实创造新东西，做出新贡献。事实上，我们进入内容创作行业的原因之一是看到了一个缺口。大量的硬件正在被研发，但问题是几乎没有足够的软件或体验式娱乐。这就是为什么你会看到很多公司涌现出来。它们发明了摄影机，它们获得了资金，然后创建了自己的资料库。作为虚拟现实公司 VRC 的合作伙伴，我们也做了同样的事情，因为 The Third Floor 是一家能够创造上述所有内容的公司。事实上，我们是世界上最大的可视化公司，为好莱坞大片制作者提供实时可视化服务。所以为什么不做呢？

我们还做电子游戏的电影制作，为环球影城等设计主题公园的景点。我感到一种责任、一种召唤——我们需要做些事情来让好莱坞发挥创作虚拟现实的全部潜力。当然，许多游戏开发者和发行商在一开始就完全弄懂了玩家，但要保持虚拟现实的帧率还是很难的，这是一个更大的挑战，但他们愿意为之继续努力。我的假设是，游戏在光谱的一端，传统电影在光谱的另一端，真正的"圣杯"（方案）将是两者兼而有之。虚拟现实和增强现实应该成为由优秀的故事大师指导的、包含某种形式的、适当交互的、伟大的叙事纽带。

我认为这是获得大部分收入的关键，因为这超出了游戏行业目前的盈利范畴。很多时候，人们目光短浅，低估了这一点。人们看多了公司的分析预测。这些当然非常重要，但是看看互联网现阶段的发展以及未来的能力就知道，设备会越来越小，甚至消失。这种趋势引领着增强现实的未来。只要有了Magic Leap（一家位于美国的增强现实公司），只要空心透镜之类的设备得到广泛应用，或者出现一些黑马，所有的互联网浏览都会像《少数派报告》一样呈现出可以预知的未来。虚拟现实更普遍，人人都喜欢它。如果娱乐之外的内容也能在更立体的互动世界中实现复杂的航行，那么人们会想转向一些更具艺术性的东西，一些能把人们带到另一个地方的东西，或者以娱乐的方式通知他们的东西。我们的媒介必须与之相匹配。

约翰·布赫： 你觉得从 The Third Floor 和卢卡斯影业的经历中汲取的故事元素是什么？你认为哪些故事元素最适合被带进虚拟现实中？什么样的故事原则或故事元素不会在新环境中发挥作用？

克里斯·爱德华兹： 这很有趣，因为 The Third Floor 有一套应对这种新媒介的哲学。如果你问与游戏引擎开发相关的人，他们会说："嗯，我们首先得知道正在创建的是个什么样的世界，然后要研究能实现的核心技术。我们要先有叙事的手段，再把艺术添加进去。完善的技术，再加上艺术元素，会让它更漂亮，会使它成为产品。"这与电影开发的方式完全相反。电影不会在一开始就设限。我不想看着阿方索·卡隆（Alfonso Cuarón）、詹姆斯·卡梅隆或史蒂文·斯皮尔伯格，对他们说："好吧，我们只有这么多钱，所以最好控制住成本，伙计们。"我会说："嘿，别担心，我知道这是大制作，有很多重要的东西。我们要把想象中最好的电影做出来。"然后，随着时间的推移，我们以一种创新的、近乎催眠的方式了解故事的核心情感基础和时间节奏。此时，我们就会非常清楚，在某一刻什么需要去掉，什么需要留下，什么需要超越，什么需要加强。

一旦创造出完美的作品，就会逐步进行可行性测试，即试金石测试（时间、金钱、时间表和一堆意见的组合）。我们会尽力调整，让一切都顺利进行。有时，调整后的版本更精美和更令人印象深刻。

我想说的是，现在要做的是在一个阶段进行头脑风暴，就像在线性媒介中所做的那样，不同的是虚拟现实没有任何限制。我们会把它画出来，然后交给技术团队。如果我们不给技术团队机会去验证，而是抢先试验大胆想法，最终可能会是车祸现场。

我们这样做了。虽然暂停了一会儿，但同时也关联了核心技术，然后又往回走，一点点地把它融入模式，采纳所有的伟大创意，用魔法进行装饰。有关虚拟现实的最后一课是，它不能像线性媒介那样被发布。线性媒介色彩均衡，声音良好，可正常压缩，可以通过互联网被发送给有需要的消费者。游戏界的人很清楚，如果有任何形式的互动，就必须像游戏一样得到支持。这意味着它需要被测试。这样的系统有很多。软件必须合格，并满足硬件功能的最低规格。

当然，你所面对的不只是个人电脑市场。如果你要在PlayStation上发布游戏，就需要保证游戏能在该平台运行。每个平台都有特定参数，发布过程也不尽相同。我们的作品不仅要满足平台的各种要求，还要超前应对未来的挑战。如果有人在爱达荷州博伊西的家里尝试用486电脑运行游戏，那根本行不通。我们必须尽最大努力去改进核心技术，即软件的核心构建，保证它在动力不足的系统上更好地发挥作用。

这让我们意识到游戏设计的现实。我们看到疯狂的科学家和创作者、艺术家走到一起，他们的想法相互融汇，极其令人兴奋。我认为，在完成几个项目之后，我们也会走出困境，对如何制作有更深刻的理解。我觉得我们的优势是 The Third Floor 一直因灵活而自豪，而好莱坞的大多数人都追求极致的视觉效果，并竭尽全力地提高像素的质量，使画面尽可能逼真。我们认为，我们要调整的是质量标准——不仅包括表面质量，还包括叙事的质量。正是平台的质量使我们能快速响应创作者以及整个创意团队的想法，确保我们成为一种约束力，成为每个人思想的中心。

约翰·布赫：　你的团队在研究博弈论和娱乐设计时，把所有决定权都交给了用户。游戏玩家已习惯了有一定的决策权，但电影观众习惯了只是坐着观看。你会面对各种各样的人，从幼儿园的小孩到拥有博士学位的人。你如何找到决策的最佳点，保证观众都可以参与？

克里斯·爱德华兹：　电影和电视节目的粉丝和喜欢主题公园的人几乎是一样的，他们就算不去有更多过山车和惊险游乐设施的六旗游乐园①，也会去迪士尼乐园、环球影城。我认为他们是同一类人。我们对观众很了解，知道什么在电影中有用，什么在主题娱乐中有用。方法就是让他们坐下来享受，体验一定的交互性，但又不能做太复杂的事情。这样你的受众就有了，包括父母们、祖父母们和叔叔们。他们可能来自不同的行业，接受过技术方面的培训。

我喜欢融合多种模式来创造体验。那样的话，如果想体验更多，你可以站起来四处走动。那些更激进、更有创造力的人，还可以在某些类型的应用程序中解锁更多功能，从而创造自己的冒险。这需要更多的主动性。答案非常宽泛。我认为观众想要的就是符合认知的东西，因为在新媒介中，陌生感是很可怕的。事实证明，具有辨识度的系列电影会吸引更多观众。同时，它必须优秀。很多电影本身很不错，但其游戏版本、衍生产品或者辅助产品却让很多硬核玩家非常失望。他

---

① 原名为"大冒险"（Great Adventure）的私人主题公园。

们认为这是陈年游戏的再包装，实际上并没那么好用。显然，开发人员非常努力，但他们只是得到了一个任务，需要在限定日期交付。他们没法全力以赴，因为他们可能都没法融入整个项目的创意主线。这意味着电影导演甚至不知道游戏的存在，或者即使知道，也不知道游戏在哪制作。没人咨询过他。

我们接待了许多工作室、知识产权持有者的来访，他们都在问："你们是否愿意与我们合作，帮助授权，制定标准，一起努力？只有协同增效，减少冗余，我们才能获得更多。"由于虚拟现实的出现，这些讨论铺天盖地，我称之为"正在进行的第二次虚拟现实革命"。对于技术人员和创意人员来说，这是一个激动人心的时刻。我们把自己看作中间的桥梁，说："嘿，你们需要互相交流，让我们来搭建起一座桥吧。"

克里斯·爱德华兹提出的概念

1. 虚拟现实与戏剧、主题公园具有相同的元素。
2. 在很多情况下，180 度视野优于 360 度视野。
3. 虚拟现实既允许单人体验，也允许多人体验。
4. 在沉浸式设计的最初阶段不应考虑技术限制，这会抑制想象力。
5. 未来的虚拟现实叙事，需要科技、娱乐、艺术等多个行业的专业知识。

总结观点

克里斯·爱德华兹成功地将创作过程变成了一个大项目。他的基本哲学是让想象力战胜限制。在虚拟现实这样的领域，人们可能过于关注技术，而忽略了技术是叙事的重要合作伙伴。技术应该为我们想象的故事服务，应该以更有效、更有力的方式讲故事。从历史上看，许多行业都在使用这种优先排序的方法，如动画、游戏，甚至传统戏剧。在沉浸式媒介中讲故事显然也不例外。

经典叙事、哲学与沉浸式媒介的结合

在探索经典叙事技巧和人物的同时，人们也应关注如何让这些概念适用于新媒介。新技术迅速发展，并很快受到欢迎，但对这些技术的反思以及对其影响的研究往往需要更长的时间。技术的更新迭代掩盖了反思性研究的重要性。幸运的是，文学中存在大量的叙事知识，我们可以以此为基础，尝试将其与新媒介联系起来。

柏拉图、苏格拉底与虚拟现实

大多数学者都习惯性地认为柏拉图所说的逻各斯（logos）和秘所思（muthos）从根本上说是对立的。逻各斯是哲学的媒介，而秘所思是诗歌的媒介。这一思想起源于《普罗泰戈拉》（*Protagoras*），即苏格拉底（Socrates）在《理想国》中对诗歌的评价。其中，逻各斯指的是一个论点，而秘所思似乎指的是一个故事。苏格拉底在《泰阿泰德》（*Theaetetus*）与《智者》（*Sophist*）中进一步阐述了他的观点。然而，如果我们将秘所思的定义扩展到叙事，扩展到对叙事更广泛的理解，这种对立就变得不那么明显了。在《柏拉图：神话缔造者》（*Plato the Myth Maker*）中，卢克·布里森（Luc Brisson）认为逻各斯是一个遵循逻辑顺序的论证，旨在为柏拉图证明一个结论。秘所思则是一种"不可证伪的话语，可以被描述为故事，因为它涉及的事件序列不遵循理性秩序"[①]。关于虚拟现实和沉浸式作品的议题，虽然柏拉图不是秘所思和叙事的支持者，但我们仍然可以从他的作品中汲取重要思想，尤其是他的洞穴寓言以及他关于叙事和模仿的讨论。

柏拉图的洞穴寓言

洞穴寓言最初的呈现形式是柏拉图的兄弟格劳孔（Glaucon）和柏拉图的导师苏格拉底的对话。他们探讨的是教育的影响。洞穴寓言是《理想国》中最有名的思想之一，被用来比喻大量的后现代思想。这个寓言描述了一群人，他们一生都被囚禁在洞穴中。他们面对着墙壁，且只能看到墙壁。他们身后的火、人、动物或穿过他们

---

① Brisson, Luc and Gerard Naddaf (trans.). *Plato the Myth Maker*. Chicago: University of Chicago Press, 1998. Print.

与火之间的东西，都会在墙上投下影子。被囚禁的人们开始给影子命名，这就是他们对现实的理解。他们没有意识到身后存在着更生动的现实。在故事中，哲学家是被释放的囚犯，他们不仅从墙壁，而且从整个洞穴中被释放出来。被释放的人看到了真实的世界，知道了墙上影子的来源。然而，当他们回到黑暗的洞穴中，告诉其他囚犯自己所目睹的一切时，现实中令人目眩的阳光让他们暂时失明了。囚犯们看到"盲人"，拒绝被解救，并企图杀死这些想把他们拖出洞穴的人。

有些人认为囚犯所凝视的墙壁是我们所知道的"旧世界"，而有些人认为这是"媒介的新世界"，两者之间存在着明显分歧。虚拟现实是否就是新现实？一些人是否已经从黑暗中走出来并找到了新的自由？投射在墙上的影子指向的仅仅是现实的模糊图像吗？每种哲学的含义都是什么呢？如果囚犯知道自己看到的是影子，而且能随时离开洞穴，那么这个寓言是否就失效了？与其他文化更迭或技术更新一样，有一些问题是需要关注和考虑的。我们将在伦理学部分讨论柏拉图的寓言的深层含义。现在，我们先把亚里士多德的叙事观点与柏拉图的方法结合起来。

亚里士多德式的叙事方法和模仿方法

亚里士多德式叙事遵循最简单的三幕式结构，简单地说，包含开头、中间和结尾。在亚里士多德的叙事中，叙事方法不同于模仿方法。前者是由叙述者讲述故事，后者则是通过视觉再现或将事物具象化来演绎故事。杰拉德·吉妮特（Gerard Gennette）这样的叙事学家对叙事进一步下定义并将其分为内叙事层、外叙事层和元叙事层。[1] 在内叙事层，叙述者存在于虚构的故事世界之中；在外叙事层，叙述者存在于虚构的故事世界之外；在元叙事层，叙述者作为中心角色存在于故事世界中，同时向内叙事层的其他角色传达自己的故事——它的本质就像是故事中的一个故事。有些叙事只用一种方法，而有些叙事会综合使用多种方法。在电影和虚拟现实叙事中，多种方法的结合不仅是富有吸引力的，而且是必要的。

---

① Gennette, Gerard. *Narrative Discourse: An Essay in Method*. Ithaca: Cornell University Press, 1980. Print.

电影创作中的叙事和模仿

柏拉图在《理想国》中区分了史诗和戏剧。史诗通过叙事来讲故事，戏剧通过演员的表演来讲故事，电影则使用戏剧性的比喻和技术来讲故事。摄影机让我们可以在电影院中观看电影，灯光和镜头是叙事的手段。从一个故事点到另一个故事点的剪辑实现了时间和空间的转换。创作者通过故事来展现旅程。讲述者的话语或旁白能够告诉观众角色在想什么，并为电影填补空白，就像我们后面要讨论的希腊合唱团一样，因此也应该被认为是叙事化的。然而，旁白、标题和字幕通常被视作电影叙事中的非叙事元素。虚拟现实、增强现实和混合现实中画幅边框的消除，促使我们思考如何将传统元素应用到沉浸式媒介的叙事中。有些虚拟现实被剪辑成电影，有些则没有。我们对这些概念和术语的运用可能更加复杂。概念分类背后的关键是意图，重要的是，讲故事的人是不是想用这些元素来讲故事。

亚里士多德认为，人类天生就善于模仿，有着用艺术来模仿和捕捉现实的冲动。电影一直以来都是一种被捕捉或再现的体验，即一种模仿的体验。当我们沉浸于某事时，很难忽略现实体验。这就像在欣赏电影时，很少有观众会忘记面前发生的事情并不是真实的。一旦戴上头盔，这种区别就不那么明显了。这当然是重点。对于讲故事的人来说，叙事往往是在一种艺术形式中进行模仿，至少我们的观察是这样的。对于那些已经习惯虚拟现实的人来说，叙事化的体验可能是一种更便利的过渡形式。在虚拟现实体验中，我们可以运用内叙事、外叙事或元叙事等方式讲故事，这种影响不应被低估。然而，模仿体验可能会综合产生更大的情绪影响。与电影一样，最有效的虚拟现实体验可能会使用这两种方法。那些对虚拟现实中的叙事和模仿方法感兴趣的人，可以参考桑迪·卢沙尔（Sandy Louchart）和露丝·艾利特（Ruth Aylett）的观点。[1]

埃斯库罗斯、索福克勒斯、欧里庇得斯以及虚拟现实

虽然我们只掌握了一小部分内容，但希腊悲剧作家的作品在

---

[1]　Louchart, Sandy and Ruth Aylett. *Towards a Narrative Theory of Virtual Reality.* Salford: The Centre for Virtual Environments, University of Salford. Digital.

普通观众的视觉故事体验上发挥着重要作用。其中,埃斯库罗斯(Aeschylus)、索福克勒斯(Sophocles)和欧里庇得斯(Euripides)的作品保存得比较好。以下是对三者的比较。

1)埃斯库罗斯(公元前525—前456年)

1. 舞台上的演员从一个增加到两个。

2. 将羊人歌队(Chorus)的前面和中间部分作为故事的重要内容。

3. 作品主题是悲剧中最具神学色彩和传统色彩的。

2)索福克勒斯(公元前496—前406年)

1. 从两名演员增加到三名,有时甚至四名。

2. 加强了歌队的作用,但不再将其作为主角。

3. 添加了舞台布景。

4. 作品主题包括政治思想和女强人(安提戈涅)。

3)欧里庇得斯(公元前480—前406年)

1. 继续扩大演员阵容。

2. 限制甚至取消了歌队。

3. 主题聚焦于女强人(美狄亚)和讽刺传统希腊英雄。

回顾当代叙事的发展历史很有帮助。几百年来,我们已经习惯了变化。没有人会说,虚拟现实、增强现实和混合现实这样的沉浸式技术还处于早期阶段。有没有一种可能,即我们正处在埃斯库罗斯的虚拟现实时代——从单一的观看者体验过渡到更社会化的体验的阶段?早期虚拟现实故事的讲述者是否使用了被淘汰的数字歌队?施莱格尔(Schlegel)这样的理论家曾把歌队看作理想的观众。[①]在未来很长一段时间里,这对沉浸式体验具有重要意义。欧里庇得斯的作品与我们今天看到的戏剧最为相似。然而我们也必须记住,如果没有埃斯库罗斯和索福克勒斯之前的工作,这是不可能的。欧里庇得斯看到了前辈作品的成功之处,也知道哪些是可以突破的。虚拟现实故事的讲述者必须研究早期创作者的作品,据此思考虚拟现实的突破点,从而充分预见这种新媒介的潜力,使其成为有别于电影和游戏的艺术形式。

---

① Foley, Helene. "Choral Identity in Greek Tragedy." *Classical Philology* 98.1 (January 2003): 1–30. Digital.

在沉浸中平衡日神法和酒神法

本书对神话的作用还没有进行太多的讨论。由于神话的概念和结构在很大程度上与表层或深层的故事发展相关，因此我们有必要考虑神话的一些基本原则。让我们先来看看希腊神话中的日神哲学和酒神哲学及相关的文学概念。在现代，这些概念作为艺术冲动，与尼采的《悲剧的诞生》（*The Birth of Tragedy*）有明显的联系，源于阿波罗（Apollo）和狄俄尼索斯（Dionysus）。阿波罗和狄俄尼索斯都是宙斯的儿子。虽然希腊人并不认为二人是对手或处于对立面，但在不同的神话中，他们各自的本性有时确实会导致冲突。我们需要努力在创造最有效的沉浸式体验的方法之间找到平衡。

1）日神法

日神法是基于逻辑和理性的。阿波罗被称为"太阳神"，是真理和光明的化身。因此，日神法重视克制、文明、和谐和纪律。日神法优先考虑顺序、控制、适度、清晰和规则。从技术角度来看，日神式的体验会向玩家清晰地说明如何成功地完成体验。这种引导可能会出错，但会最大化降低玩家困惑或徘徊的可能。

2）酒神法

酒神法是基于本能、情感、不受约束的激情，以及极端情况下的混乱和非理性的。狄俄尼索斯是大地、春天和新生的化身。众所周知，他是酒神、疯狂之神、悲剧之神和戏剧之神。酒神法经常出现在有关表达和身体的讨论中。酒神法重视自发性、直觉、感觉和想象力。从技术角度来看，酒神式的体验允许玩家自主探索游戏世界。这种方法有时会使玩家迷路甚至感到沮丧。值得注意的是，布伦达·劳雷尔（Brenda Laurel）等理论家将虚拟现实体验比作酒神崇拜体验，即萨满教巫师带领同修进入"洞穴"，以获得具有仪式意义的中介化体验。[①]

寻求平衡

沉浸式空间中不同叙事方法背后的哲学归根结底来自上述两种之一。究竟使用哪一种方法，取决于创作本身。纵观其他艺术形式

---

① Laurel, Brenda. *Computers as Theatre*. Menlo Park: Addison Wesley, 1991. Digital.

的历史，它们都依赖于这两种方法之间的张力。传统做法是创作者要在二者之间找到一个平衡点。平衡往往能创造最成功的体验。早期以太空为背景的《闪电侠戈登》（*Early Flash Gordon*）系列完全依赖于酒神法中常见的情感故事。通常，有关太空旅行和生活的科技要么被掩盖，要么被完全忽略。后来，《星际迷航》（*Star Trek*）采用典型的日神法将故事设定在太空中，机组人员的成功在很大程度上基于逻辑和推理。直到《星球大战》成功地平衡了酒神法和日神法，这两个阵营才走到了一起。《星球大战》的成功的叙事让之前所有的太空故事都黯然失色。

仪式的作用

提起酒神，就不能不提到仪式。"仪式"这一术语出现在沉浸式叙事中，可能会令人感到惊讶。然而在与互动故事和电子游戏相关的沉浸式体验中，重复和仪式是逻辑的关键组成部分。亚里士多德提及酒神颂（由酒神崇拜者演唱和即兴创作的诗歌），尼采则将亚里士多德的作品作为《悲剧的诞生》的基础。他们都认为古希腊悲剧以及大多数现代故事都源自仪式。宗教历史学家和文化批评家米尔恰·伊利亚德（Mircea Eliade）认为，仪式是对神话中纪念的基础性事件的再现。[①] 换句话说，我们重复着"神"最初的作为——创造。事件、时间和空间的再创造成为新的现实，反映了宗教仪式中的变体行为，如圣餐。现在，我们要么利用头戴式显示器进入虚拟世界，要么利用洞穴（洞穴自动虚拟环境）来体验虚拟现实。这些又进一步与"仪式"这一概念联系了起来。

即使是增强现实和混合现实，也需要有某种中介化体验来提供联系。有关沉浸式体验中的仪式的讨论提醒我们，我们确实是在创造中介化体验。这些体验都有一套自身的伦理和技术。约瑟夫·坎贝尔在《外层空间的内在延伸：神话与宗教的隐喻》（*The Inner Reaches of Outer Space: Metaphor as Myth and as Religion*）中写道："古老的神已经死去或即将死去，各地的人们都在寻找，都在询问新的神话是什么。这个神话是统一的地球的神话，是和谐的存在。人们无法预测下一个神话，就像无法预测今晚的梦一样。因为神话不是

---

① Ryam, Marie-Laure. *Narrative as Virtual Reality*. Baltimore: The Johns Hopkins University Press, 2001. Print.

一种意识形态……事实上，神话的首要也是最重要的任务就是打开思想和心灵，去感受万物的奇妙。"[1]

沉浸式空间中的神话方法

这个主题可能值得长期探索，我们只能试着简要总结对虚拟现实、增强现实和混合现实有重要意义的神话方法。有许多理论家对沉浸式空间进行了思考，约瑟夫·坎贝尔就是其中之一。坎贝尔写了大量关于神话的维度和发展的文章，认为人们可以通过进入某些空间和参与特定实践而沉浸其中。在一个关于纳瓦霍沙画（Navajo sand painting）隐喻之旅的讨论中，坎贝尔讨论了身体进入绘画的原型冒险，指出这是艺术形式注定要被体验的方式。他接着说，实际上，我们通过体验变成了神话人物，体验也因此被神话化了。[2] 不难想象，坎贝尔对虚拟现实等沉浸式体验也有类似的看法。他进一步解释了沉浸式艺术和神话艺术，将沙画艺术比作彩虹——由物质和光线通过反射和折射形成。它既是物质的又是非物质的，就像虚拟现实既是物质的又是非物质的一样。

沉浸式体验的创造者对坎贝尔感兴趣的另一个点是他对符号的解释。在构建叙事时，构建者需要向观众解释物体、风景甚至某些角色的意义，符号的使用则避免了这种烦琐的任务。假设一个人在沙漠中游荡，那么我们无须再专门解释他将在沙漠中遭遇困难，这是因为沙漠是一个象征。观众在进入一个全新的沉浸式空间时会感到震撼，所以至少在一开始，我们可以依靠符号高效地进行叙述。坎贝尔把他对符号的思考建立在了荣格（Carl Jung）四种美德的心理学基础上。我们可以通过这些来理解和评价所有体验：感觉和直觉是理解的基础，思维和感觉是判断和评价的基础。[3] 坎贝尔解释说，荣格认为，人们倾向于通过结合功能来塑造生活。例如，一个人可能会喜欢感知和思考，而不去提高直觉和感觉方面的能力。理解一个人进入沉浸式空间时的心理，有助于观察观众如何构思叙事。坎贝尔的作品还有很多值得关注的地方，包括他在经典作

① Campbell, Joseph. *The Inner Reaches of Outer Space: Metaphor as Myth and as Religion*. New York: Harper Perennial, 1995. Print.

② Campbell, Joseph. *The Inner Reaches of Outer Space*. Novato: New World Library, 1986. Print.

③ Campbell, Joseph. *The Mythic Dimension*. San Francisco: Harper, 1993. Print.

品《千面英雄》（*The Hero with a Thousand Faces*）中提出的英雄之旅的结构。现在，我们可以简单地思考思想的开放与心灵的好奇之间的关系，坎贝尔认为这是服务于神话以及我们正在创造的沉浸式体验的。

聚焦叙事：虚构叙事与非虚构叙事

史蒂夫·彼得斯，体验设计师、StoryForward 播客主持人和 Mo Mimes Media 首席运营官

在本次采访中，史蒂夫·彼得斯重点讨论了沉浸式空间中的与虚构叙事和非虚构叙事相关的问题及它们之间的细微差别。

约翰·布赫：　　请问你是如何对讲故事产生兴趣的，尤其是在数字领域？

史蒂夫·彼得斯：对我来说，这一切都始于 2001 年由埃朗·李（Elan Lee）和微软的同事们开发的人工智能平行实境游戏《野兽》（*The Beast*）。2001 年夏天，我还是西雅图的一名音乐制作人，正在玩一款与某部电影有关的在线谋杀谜案游戏。我认为"这种玩法真的挺有意思的"。一天下午，我离开办公室正要去吃午饭，电话铃响了。这是人工智能游戏中的一个角色给我打的电话。我完全忘了吃午饭这回事，赶紧跑回办公室，再次上网，因为我知道故事里发生了一些事，游戏里也发生了一些事。那天晚上，我想："这太疯狂了，我甚至还没来得及仔细思考就对这款游戏痴迷了。它将是游戏规则的改变者。"2001 年，社交媒体和推送通知之类的东西还没有出现。这是我第一次接到游戏角色的电话。这激起了我的兴趣，同时也让我来到人生的十字路口，开启了新的思考。"这是一种有趣的、非常前沿的娱乐方式。"我投入其中，建立了社区，和朋友们建造了初级的平行实境。这些年来，我和埃朗·李、肖恩·斯图尔特（Shawn Stewart）成了朋友。他们后来创立了 42 Entertainment 公司。因为我有音频制作方面的经验，所以他们雇用了我。我也有丰富的玩家经验，可以在设计方面对他们有所帮助。我立即开始协助他们，当然也是在向优秀的先驱们学习。

约翰·布赫：　　我们聊聊你的虚拟现实初体验吧。

史蒂夫·彼得斯：直到几年前我才开始尝试 Oculus Rift，那是我的第一次虚拟现实体验。那时分辨率很低，但效果非常不错。尽管它是像素化的，但我觉得我位于一个物理环境之中，感到很震撼。从设计的角度来看，在开发虚拟现实项目之前，我一直在犹豫。因为虚拟现实的叙事语言还不太成熟，所以我对虚拟现实叙事持观望态度。对于游戏，我则完全赞同。我完全明白，在虚拟现实中叙事需要考虑很多游戏机制。

约翰·布赫：　让我们回到叙事语言，尤其是与新画布相关的语言。你能谈谈虚拟现实叙事语言的必要元素吗？

史蒂夫·彼得斯：虚拟现实可以从游戏中学到很多东西。我玩《半条命2》（*Half-Life 2*）的时候，有一个版本的评论区包含游戏开发者的介绍和解释。他们说，他们会不动声色地创造远景或利用一些玩法来吸引玩家的注意力，让玩家看向一个特定方向；或者创造一些场景，让玩家转过一个角落后遇到它们，从而暗示一些事情即将发生；或者使用小小的声音来吸引玩家的注意力，使玩家抬头看到正在发生的事情；或者用一盏微弱的灯照耀什么东西。

实际上，游戏开发者用了很多方法来悄悄地引导玩家的注意力。这对于音频来说很困难，因为真正的双声道是没有响应的，我们很难通过声音为某人精确定位。让我感到沮丧的是，当我在虚拟现实中观看或做一些事情时，就会错过身后发生的一些事情。我不喜欢必须从椅子上站起来，转过身去。对于我来说，当我沉浸在真正的虚拟现实而不是360度视频中时，我希望能够与周围的事物进行互动。这就是《迷雾之岛》（*Myst*）的游戏，游戏中是3D环境，是基于360度视频的电影叙事。你是一个观察者，它创造了很多困境：我在哪里看？我在舞台上是谁？台口在哪里？如果我在场景中，且被场景包围，那么我是谁？

还有第三人称或第一人称的问题。你会感觉自己真的在某个地方，但没有人注意你，你也没有掌控力。这就涉及我们应如何在360度视频中进行剪辑时避免产生不和谐的效果。很多人都在尝试。这是一种教育，因为电影观众第一次看到镜头和剪辑时也是不知所措的。建立电影语言需要一段时间。单纯地把胶片相机放在三脚架上，这只是在拍舞台剧，因为我们还没有开发出基于这些技术的其他讲故事的方法。我认为这是一个过程，而现在还是初级阶段。

约翰·布赫： 让我们谈谈沉浸式体验的概念。显然，沉浸式体验可以被追溯到人类出现之时。在过去的100年里，我们看到了沉浸式体验产品的增加，也看到了沉浸式戏剧的兴起。我们试图在戏剧体验中创造一种沉浸感。为什么我们会渴望越来越沉浸的体验？

史蒂夫·彼得斯： 钟摆正在从"看看这些数字产品，它是如此令人惊叹，如此闪亮"的地方摆回来，数字产品已经有点失去光芒了。在可以在客厅里观看环绕立体声4K电影的今天，让大家出门，一定要有一个理由——有些事没法在客厅里体验。迪士尼正在努力寻找限制上座率的办法，因为越来越多的人想要体验，这已经超过了迪士尼的负荷。但实际上，现实生活拥有最好的沉浸感。

讽刺的是，环球影城中的很多大型游乐项目，必须戴上3D眼镜才能体验。在我看来，这实际上失去了实地的意义。在现实中我们能触摸得更多，这些体验通过数字是无法获取的。环球影城正在做其他事情。他们建立了哈利·波特世界，那是巨大的沉浸式空间。你穿上魔法袍，感觉就像真的在霍格沃茨附近。他们还开辟了"行尸走肉"景点，里面全是真人，没有3D投影，和密室逃脱一样。我认为人们现在想要真实可感的类似物。在小黑屏上，我们看到了一切，也体验过，现在想要一些我们能触摸和握住的东西。我认为这对虚拟现实来说是一个挑战，因为这是另一种让人沉浸其中的方式。

至于娱乐，我不知道它是否还要继续深入数字领域，除非它能给人们带来一些无法亲身体验到的东西，比如去海底或去火星。这能体现它的价值。让人看电影的时候感觉自己就在那里，这将是一个挑战。让我们拭目以待。钟摆又回到了现实世界，我认为这是一件好事。

约翰·布赫： 你提到了掌控力，这是虚拟现实领域一个很有讨论度的话题。似乎在数字环境中，每当提到掌控力，我们马上就会想到博弈论。你能谈谈游戏世界之外的掌控力吗？

史蒂夫·彼得斯： 我想很多人在谈到交互式的东西，特别是交互式叙事时，会马上去看《选择你自己的冒险》（*Choose Your Own Adventure*）

这本书。让人们选择结局，这就是掌控力。正如我的朋友肖恩·斯图尔特经常说的："我们的书架上有多少本《选择你自己的冒险》？"归根结底，这不是一个令人满意的故事，而是一个有着更好结局的电子游戏。当你完成一个结局，你想做的第一件事是什么？你想回到保存点，看看你错过的东西。然而，如果有人精心设计了一个故事，而我却得到了一个意想不到的结果，我觉得这样更好。

有很多方法能给人一种具有掌控力的错觉。在平行实境游戏中，多年来我们做了很多这样的事情——让人们产生影响故事进程的错觉。即使我们知道，他们也知道，一切都在正轨上，但我们可以给他们一种错觉，这样他们就可以暂时放下怀疑，感觉自己实现了某个目标。一个简单的例子就是我参与的《黑暗骑士》项目。我们让玩家注册投票，成为哥谭市的市民。他们会得到选民登记卡，然后参与选举。最终，哈维·登特（Harvey Dent）在选举中当选地方检察官。现在，每个人都知道他会当选。与此同时，我惊讶于玩家对此的喜爱程度。他们喜欢填写选民登记卡，喜欢在自己的选区集会，甚至喜欢为自己的选区制作网站。

我们知道玩家会那样投票。我们设置好了节点，即使他们没有投票也没关系，因为他们无法真正改变故事。现在你能在可能会发生事情的地方创建故事，可以有一个分支，但它们最终会回到同一个主要故事弧。我发现这对人们来说更有满足感。玩家并不想问："如果我做了这件事，能救这个人吗？"也许他最终会这么做，但这会改变故事的主线吗？实际上并不会。与此同时，我们会给玩家一种掌控力，让他们觉得这是真实的："我帮助哈维·登特当选了。"

针对平行实境游戏，有一个有趣的方法，我的目标是让它看起来像故事。我想这是最终的掌控力，即故事就发生在我们所生活的世界中。有各种各样的小技巧可以让人感到真实。显然，电话是其中一种。有人给我打电话，我打电话给别人；或者我发送一封电子邮件，收到一封回信。那种感觉很真实。你要以任何能做到的方式、任何合理的方式，围绕着玩家讲故事。

约翰·布赫：	史蒂夫，你在作品中提到了叙事设计和叙述方式的前沿。这些新形式似乎发展得不错。你能谈谈虚拟现实可以从中学到什么吗？
史蒂夫·彼得斯：	对我来说，体验设计与其说是创造一种可遵循的规则，不如说是在与人合作后培养一种意识，并随着时间的推移与受众建立一种越来越细微的共鸣感。无论我做什么项目，我都会问自己：观众为什么要这么做？他们按我的要求来做的动机是什么？在虚拟现实中，这是主要问题。当观众朝某个方向看时，他们的动机是什么？或者从更大的角度来看，他们戴上耳机而不是仅仅在屏幕上观看的动机是什么？

这就像游戏设计中的平衡一样，你受到了要求并得到了回报。随着虚拟现实的新鲜感逐渐消退，你的体验会越来越好。一开始你被要求戴上头戴式显示器时，你可能会觉得不舒服，但慢慢地，后续体验会越来越好。从讲故事的角度来看，我总是喜欢思考，一本小说对读者最大的要求是什么。是翻开新的一页。为了让读者翻过这一页，故事必须足够吸引人。数字领域的等价物是什么？我认为数码产品、虚拟现实比那个更重要，因为你需要观众做的不仅仅是翻页而已。你对观众说："现在去做这件事吧！"无论交互是什么，在推动故事向前发展的互动和推动故事向前发展的混乱、任务或噱头之间总要有一个平衡。

地理定位游戏现在也面临着同样的挑战。《口袋妖怪 Go》（*Pokémon Go*）要求人们从椅子上站起来，走到街上，但这样坚持不了多久。虚拟现实创作者可以从游戏中学到的是，为了确保玩家不中途退出，必须始终保持游戏难度与奖励之间的平衡。如果游戏太困难，玩家就会沮丧，然后关掉游戏。如果玩家感到困惑，不知道该去哪里或寻找什么，或者失去故事线索，就不会再玩了。据我所知，在游戏产业中，只有17%的玩家能够坚持到游戏最后。我不确定到底是不是17%，但这个数值很低，在17%到20%之间。每五个玩家中只有一个能真正玩到最后。

史蒂夫·彼得斯提出的概念

1. 在开发虚拟现实体验时需要考虑到游戏机制。

2. 游戏已经建立了一套让玩家跟随创作者的有效语言。

3. 真正的虚拟现实应该赋予用户掌控环境以及与环境互动的能力。

4. 对真实性和触觉感的渴望将是虚拟现实所面临的挑战。

5. 掌控力包括影响故事走向的错觉。

总结观点

史蒂夫·彼得斯指出，虚拟现实叙事的发展障碍之一，可能就是用户的数字疲劳。这一因素将极大地影响用户沉浸在虚拟现实中的时间，尤其是当需要佩戴头盔时。故事创作者必须尊重观众对体验的容忍度，要以此为准进行创作。技术能让人们对物体和其他用户产生触觉反应，而这肯定会影响容忍度。然而，故事的吸引力可能永远是决定用户体验是否成功的因素。沉浸式体验永远是创作者和观众之间的舞蹈（博弈），二者需要通过时间和体验来感受其中的微妙之处。然而，创作者是领舞的人，注意不要踩到同伴的脚趾。

练习 7：开发更高级的人物

目标

展示创造强大、先进、饱满的人物的方法。

任务

1. 通过"塑造主要人物"的练习创建一个人物。

2. 为人物创编一个 5 页的背景故事，包括人物的物理属性和精神属性，以及这些属性是如何形成的。在描述中使用以下特征之一：拥有疤痕、不善言辞、话痨、跛脚、头发遮住眼睛。（记住，你是在创编背景故事、描述细节，而不是在讲述人物的故事。关于故事或场景的任何描述都应该简短，并且只与人物的当前状态有关。）

3. 用一页纸描述我们只能从 360 度沉浸式空间中的人物身上学到的东西。

练习 8：创建简单的沉浸式叙事

目标

通过沉浸式空间构建必要的思维过程，以支持强有力的叙事。

任务

1. 利用"构建简单叙事"这一方法练习创作故事。

2. 利用不同的背景或环境，为叙事创造 3 个不同的场景。

3. 用两页纸描述故事发生的场景和环境。描述当观众看南与北、东与西、上与下时能看到什么。另外，描述主角进入沉浸式空间后看到的所有角色、动物或物体。

4. 如果故事设计为第一人称体验，那么就用一页纸描述主角在故事中的感受和体验。

练习 9：创建更高级的沉浸式叙事

目标

通过沉浸式空间开发更先进的思维过程，以支持强有力的叙事。

任务

1. 利用"构建简单叙事"这一方法创建基础故事。

2. 利用不同的背景或环境，为叙事创造 10 ～ 12 个不同的场景。

3. 用两页纸描述故事发生的场景和环境。描述环境在叙事中扮演的角色。另外，描述主角进入沉浸式空间后看到的所有角色、动物或物体。

4. 用一页纸描述主角将如何在空间中移动或被运送。讨论如何实现场景之间的过渡。

5. 针对每一个场景，用一页纸描述主角在故事中的感受和体验（如果为第一人称体验）。

6. 如果你所创造的叙事体验是互动的，那么用一页纸描述观众在沉浸其中时所具有的掌控力。

8 实践中的理论：访谈与案例研究

从远古时期开始，人类就在寻找新的方式来表达自己。正如语言一样，伴随着时间的推移，故事作为一种表达也变得越来越丰富。寻找讲故事的新方式也是创作之旅的一部分。发现新媒介，最大限度地利用它，直至突破，但又不完全摒弃，这是我们在讲故事的过程中不断重复的模式。虚拟现实可能是现有媒介中最具潜力的一种。然而，它同样需要经历考验、试错、实验，才能最终超越现有媒介。虚拟现实的发展速度在很大程度上取决于创作者。投身于此的人的数量和虚拟现实叙事作品的数量决定着虚拟现实作为叙事媒介发挥最大潜力的速度，以及下一个潜在媒介发展的速度。

本书探讨了虚拟现实的发展历程，并附带了一些故事创作者的访谈记录。在虚拟现实中，故事语言出现的最明显的路径是由该领域的早期创作者开辟的——他们的作品最多，也最具想象力。了解他们成功与失败的经验，可以节省宝贵的时间。倾听他们讲述创作过程、创作背景以及通过这种媒介实现有效、清晰的沟通的旅程，将磨砺我们的创作工具。虚拟现实业内人士的见解，或者更重要的是圈外人士的见解，初看时也许并不适用，但可以拓展我们的想象。

也许，虚拟现实领域的创作者的共同点就是谦逊。在采访中，创作者们一开始就会表示，还没有人彻底理解这种新的叙事语言，迄今为止所有的努力仅仅只是开始，最重要的问题是意识到这一事实并向其他虚拟现实创作者学习。创作者们常常使用开放的手法，虚拟现实叙事一般也很松散。关于艺术形式的理论很容易变得教条。一旦真正把理论应用到实践中，教条就会瓦解。我们要认识到，虚拟现实中的故事和体验都应该以观众为中心。这是一个理想，是最基本的，但也是最不容易实现的。

风格重于内容

技术迭代过快的缺点是：看起来很专业、很迷人，但缺乏实质性内容的支持，因为使用技术的权利完全让渡给了用户，无论用户的专业水平如何。这可能导致风格凌驾于内容之上。预告片承诺故事是集动作、曲折情节和惊喜于一身的，然而一旦观众为电影付费，很快就会发现，预告片承诺的一切只是在预告片中，电影本身并没有提供这些要素。尽管虚拟现实对许多人来说仍然新鲜，但我们无法再依赖其新奇之处了。观众每次在体验虚拟现实时都会要求得更多。如果在一段时间中体验不好，他们最终就会完全抛弃它，即使它带来过前所未有的体验。那些年龄稍大、知道诸如 Betamax 和 DAT 机器等先进技术的读者能够证明，随着一代代人的成长，被废弃的技术媒介的墓地越来越广阔。"讲好故事"是虚拟现实避免这种命运的最好方法。如果讲故事的人和虚拟现实创作者愿意花时间学习和使用叙事艺术，虚拟现实这项技术就还有机会。人们很容易认为自己已经对故事了如指掌，能够创造成功的故事体验了，但是即使是最聪明的讲述者，也是通过不断研究和开发新方式来塑造角色和讲述故事的。在技术的快速发展过程中，内容丰富、层次分明的故事很容易在混乱中迷失。虚拟现实需要避免这种混乱。

虽然有一些古老的叙事元素和叙事原则与人类的心理相吻合，并且恒久不变，但也有其他一些叙事元素和叙事原则不断涌现。受众在接触新媒介时面临的变化数不胜数。直觉型的创作者既能把握恒久不变的叙事原则，又能适应不断变化的叙事原则，这一直是新兴媒介领域创作者探索的路径。令人惊讶的也许是，人们对于基本元素的重要性几乎没有争论。例如，很少有创作者会在没有人物的情况下讲故事。如果移除人物，故事的"故事性"就会消失。然而，故事的长度和结构、过去和将来都是争论的焦点。某些方法只在特定媒介中奏效。正如之前反复强调的，我们最终必须以用户的体验和所得为依据来推动决策的制定。

进入遍布数字树的森林

本书的研究从覆盖着芯片的石桥的隐喻开始。当你继续在沉浸式空间中讲述自己的故事时，一个最终的图像和隐喻可能会对你有所帮助。想象一片遍布数字树的森林。叶子虽然看起来是真的，但其实是人造的。数字树发出的绿色脉冲由最小的 LED 灯提供，树枝被连接在钢筋树干上。在地表下，像根一样的电线向各个方向蔓延，相互缠绕，和附近其他树木的电线缠在一起。带电的土壤会产生一种低沉的嗡嗡声，为树木提供能量。整个森林看起来生机勃勃，在某种意义上甚至是有生命的。在另一种意义上，这种生命是人造的。令人费解的是，有一天，一个水果出现在了人造树枝上。这种水果不是数字的，它是有机的，是真实存在的。它很甜，很美味。一天又一天，更多的水果出现在数字树上。有些水果会腐烂，这是生物的本性，其他水果仍然存在，所有进入森林的人都可以享用。

在某种意义上，这是虚拟现实领域的写照。故事讲述者创造的体验唤起了观众的真实情感，使他们沉浸其中。在复杂的数字技术中，真实的、富有生命力的和有意义的东西激发着用户的想象力和好奇心。曾经不可能的事情突然以一种逼真的姿态呈现，前所未有的机会来临。通过无生命的电线、塑料和钢铁，新的"现实"被注入生活之中。

访谈与案例研究 1：故事讲述者

1）电影《遥远的银河系》中的虚拟现实
罗布·布雷多，卢卡斯影业首席技术官

作为卢卡斯影业的首席技术官，罗布·布雷多（Rob Bredow）负责卢卡斯影业及其旗下的工业光魔公司的所有技术运营。布雷多于 2014 年加入工业光魔公司，担任视觉效果主管。2014 年 12 月，他被任命为卢卡斯影业的新媒介副总裁和高级开发组负责人。2015 年，布雷多在建立工业光魔实验室（ILMxLAB）时发挥了重要作用。工业光魔实验室是一个融合了卢卡斯影业、工业光魔和天行者音效的新部门，旨在开发、创造和发布基于叙事的沉浸式娱乐产品。在此之前，布雷多是索尼图形图像运作公司（SPI）的首席技术官和视觉效果主管。他曾参与制作电影《独立日》（Independence Day）、《哥斯拉》、《精灵鼠小弟》（Stuart Little）、《荒岛余生》（Cast-away）、《冲浪企鹅》（Surf's Up）、《天降美食》（Cloudy with a Chance of Meatballs），以及虚拟现实体验版的《星球大战：塔图因审判》（Star Wars: Trials on Tatooine）。

约翰·布赫： 地球上有许多人热爱《星球大战》，我是其中一个铁杆粉丝。在工业光魔实验室所做的工作中，将作为文化核心的角色带入新数字空间，需要什么样的哲学思维？

罗布·布雷多： 于我而言，在卢卡斯影业工作是最有趣的事情之一。你可以看看乔治·卢卡斯创造和开发世界的方式，他一直在拥抱科技和新的故事形式。这种创新精神一直保持着活力，呈现出一种创新思维。他们有非常多的新点子，也非常勇于尝试新事物，并常常使用新的叙事形式和技术来讲故事。自始至终，创新是卢卡斯影业基因里的一部分。

约翰·布赫： 你能谈谈《星球大战：塔图因审判》这个游戏是如何形成的吗？星球大战的宇宙如此浩瀚，你们是如何决定将游戏设定在塔图因的？

罗布·布雷多： 《星球大战：塔图因审判》最初是工业光魔实验室的一个实验。我们在思考一个问题："在虚拟现实中，沉浸在一个简单的故事里会是什么感觉？"在这个基础上，我们开始制作《星球大战：塔图因审判》。当然，对我们来说，这就是星球大战的故事。我们会问："当你在体验中扮演第一人称角色时，与这个故事互动有趣吗？"有很多虚拟现实作品能让你目睹发生在身边的故事，但很少有虚拟现实技术能让你以第一人称的身份出现在故事中。我们想做的是找到一个简单的、令人满意的故事，让观众体验虚拟现实，并扮演其中的重要人物。

我们有资本，也有能力使用"千年隼号"。我们刚刚完成了第七集的工作。有什么比直接体验"千年隼号"更有趣的呢？我们中有些人已经在工作室所建造的真正的"千年隼号"下方站立过，但还没有人体验过当"千年隼号"悬降在你头上而你就站在它下面时的感觉。这就是实验的出发点。我们去见了凯茜·肯尼迪（Kathy Kennedy），并给她展示了这个。天行者音效公司在体验场地安装了一个令人惊叹的音响系统，是能填满容纳2000人礼堂的那种系统。当凯茜在塔图因体验"千年隼号"降落时，所有的声音都指向了她。这也是她最早的虚拟现实体验之一。她摘下头盔，每个人都在看着她，看看她要说什么。她说："这就是我所说的（东西）！这就是一种新的娱乐方式！"所以我们开始了一个有趣的实验。

约翰·布赫：从历史上看，自卢卡斯影业诞生后，人们开始以一种集体的方式欣赏《星球大战》——让电影在社区播放。我们走进电影院，和一群陌生人坐在一起看电影。我们也曾坐在电视机前，和其他人一起看卡通片或电影。现在要尝试这种新体验，我们只能靠自己了。我们戴着头盔观看，和人物在一起。你能谈谈把一个人带入沉浸式环境的不同方法吗？

罗布·布雷多：虚拟现实中的这种单独体验不会持续太久。事实上，多人游戏已经出现了。虚拟现实很快就能同时拥有多个用户，这将真正改变游戏。在我们做的这个实验中，一次只能有一个人。我们想确保整个故事都是在你身边讲述的，这样你会觉得仍然与之具备社会化的联系。你在驾驶舱里听着汉·索罗的指示，或者在"千年隼号"上与他互动。你必须与环境中的其他人物互动，保持活力，并尽可能地沉浸其中。

约翰·布赫：卢卡斯影业正在与亚历扬德罗·伊尼亚里图（Alejandro Iñárritu）等导演合作拍摄新项目。你希望电影大师们把什么带进虚拟现实空间？现在这个媒介已经开始成为他们的新画布了吗？

罗布·布雷多：我们真的很幸运能和戴维·戈耶（David Goyer）这样的人物在虚拟现实体验上进行合作。我们正在工业光魔实验室中创造有关黑武士的虚拟现实体验。如你所说，我们也正在与亚历扬德罗合作接下来的项目。我们的目标是与世界上最优秀的创意人才合作，他们对在这样的空间中构建体验非常感兴趣。我们所探索的某些空间，恰好是他们感兴趣的，这是非常好的搭配。所以这就是我们真正要做的，即找到那些有雄心壮志的实验者和有创意的项目。这些人如果愿意，可以制作电影或电视节目，但有些故事最好在虚拟现实或沉浸式体验中被讲述。

约翰·布赫：尽管乔治·卢卡斯并不是《星球大战》的唯一创作者，但在他离开后，这种神秘感似乎留在了卢卡斯影业及其创作的项目中。很明显，卢卡斯影业很擅长将人类对神话的情感与前沿技术联系起来。你是如何保持专注力，致力于搭建古老与前沿之间的桥梁的呢？

罗布·布雷多：这真的是一个非常有趣的问题。虚拟现实或增强现实技术带来了巨大的机遇。比如说，我们现在和 Magic Leap 有多个合作项目。人类更喜欢通过熟悉的事物建立与新事物的联系，然后再把体验联系进来。因此，我们选择了人类公认的讲故事的工具——神话，同时灵活使用了《星球大战》的背景故事，因为全球有很多人看过，并能够直接理解它。当我们把"千年隼号"或者一个机器人放在人们身边时，人们能立即产生共鸣。在介绍新体验时，这也能助我们一臂之力。人们会以一种从未见过的方式得到熟悉的东西。

约翰·布赫： 增强现实技术带来了哪些机遇？哪些人会参与创意设计和执行？

罗布·布雷多： 能和大家一起坐下来，成为其中的一小部分，真的是一件很棒的事情。我们正在和精英中的精英一起工作。在卢卡斯影业，有一个名为"故事组"的团队负责《星球大战》故事宇宙的延续。在工业光魔实验室，我们非常幸运地与"故事组"密切合作。他们参加我们的所有会议，激发我们的创造力。这真是太棒了。我们热爱这些项目，我们热爱这个故事宇宙。头脑风暴中的很多东西正是我们想要的。我们希望与机器人一起待在客厅，想看看那是一种什么感觉。他们能做什么？交互模型是什么样子的？真的，这是整个团队的想法。我们都是星战迷，想要发明一些大家愿意体验的东西。

约翰·布赫： 你是否有将工业光魔实验室在虚拟现实空间中构建的世界，与即将推出的电影项目联系起来的想法？我们能看到那些世界之间的联系吗？还是说，它们是分别承载不同故事的画布？

罗布·布雷多： 有些事情我还不能说。我可以说的是，我们真的很幸运能够与"故事组"紧密合作。他们是负责整个故事宇宙的团队，我们可以在其中肆意发挥。我不能说哪些特定的体验与镜头中的特定内容有关，但能够与团队进行密切互动真的很棒。

约翰·布赫： 让我们谈谈观众在这些环境中体验共情的问题。显然，人们与《星球大战》中的人物和《星球大战》中的宇宙有着巨大的情感联系。虚拟现实被称为"终极共情机器"。你是否与科学界的顾问讨论过共情以及如何通过数字技术来实现共情？还是说，这更像是一个直观了解人们对这类内容会做出什么样的情感反应的自然过程？

罗布·布雷多： 我认为我们主要关注的是世界上有趣的故事。我们寻找的不是明确的共情本身，而是情感共鸣。我认为后者比共情更为广泛。共情很好，但我们正在寻找的是一个能与观众产生情感共鸣的故事。这往往是我们的门槛。这是人们想要体验的东西吗？这值得我们花时间去构建吗？我们只需要构建所有想法中的一小部分，并确保在构建某物时，它是最好的想法之一。实际上，这一愿景来自凯茜·肯尼迪，这是她的口头禅。

约翰·布赫： 是什么造就了一个好的星球大战故事？

罗布·布雷多： 其中最重要的组成部分是情感共鸣。是否有一些我们普遍能感受到的东西？

约翰·布赫： 在《星球大战：塔图因审判》中，玩家有机会手持光剑。正如你所说的，这些都是第一人称体验，而不是第三人称体验。在第三人称体验中，我们只是幽灵，只能观察面前的事物。你能谈谈只能作为观察者的故事和作为主角的故事，在创作方法上的区别吗？

罗布·布雷多： 事实上，二者有很多不同之处。我认为最大的不同是让参与者进入的状态。如果参与者只是观察，也能讲述非常棒的故事，而且很多故事都是这么讲的；如果参与者在故事中有了掌控力，可以参与互动，就会改变整体的视角，改变故事对于他的意义，改变他的情绪，改变对以这种方式体验的其他人的影响。我们对《星球大战：塔图因审判》做的一个实验是把它带到伦敦的星球大战庆典上。很多粉丝过来与制作者们见面，了解接下来的计划。这是一个与粉丝直接互动的绝佳机会。参与庆典的观众非常兴奋，他们体验了站在"千年隼号"下的感觉，或者与R2互动，当然还有手持光剑。我们得到了非常积极的反馈，大家在情感上也都非常投入。

约翰·布赫： 你认为，从大局来看，虚拟现实将为卢卡斯影业提供什么样的理想机会？使用这些新技术继续讲述星球大战的故事，你的最终目标是什么？

罗布·布雷多： 我认为虚拟现实或增强现实的最大机遇是讲述真正适合这种媒介的故事——甚至是只能在这种媒介上讲述的故事。实际上，有相当多的故事最好或者只能在虚拟现实中被讲述。

约翰·布赫：　　卢卡斯影业和工业光魔实验室会把虚拟现实镜头投向《星球大战》之外的宇宙吗？

罗布·布雷多：　我肯定不会排除任何可能性。工业光魔实验室已经在进行《星球大战》宇宙之外的项目了。《星球大战》宇宙是一个讲故事的好地方，但它肯定不是唯一的一个。

约翰·布赫：　　作为在前沿技术环境中工作多年的故事大师，你在电影和特效方面的工作经历给虚拟现实叙事带来了哪些重要经验？在新的尝试中，你会继续使用哪些好用的工具？

罗布·布雷多：　我认为，同样的核心情感故事讲述工具完全适用于电影和虚拟现实，而最大的区别是那些最有趣的事情。我可以给你讲一个关于制作《星球大战：塔图因审判》时的故事。我们已经做得差不多了，整个体验与你今天所看到的非常相似，但其中有一些额外的对话。我们让基里·哈特（Kiri Hart）[①]体验了一下。她出来后说："把剧本给我，我想提一些建议。"

她对剧本进行了编辑，删除了所有与玩家不直接相关的对话。她试着删掉驾驶舱里汉和楚伊的对话，然后把故事中不是直接发生在第一人称身上的东西都删掉了。她说："试试去掉这些台词，看看感觉如何。"令人哭笑不得的是，其中一些台词是我和巴勃罗（伊达尔戈）写的，那是我最喜欢的台词。我说："哦，天啊！这是一句超级有趣的台词。我不想砍掉它。"但你必须尝试一下，看看会是什么样子。

第二天，我们制作了新的版本，去掉了那些台词。这是我们第一次在玩这个游戏时感到大脑完全放松。我们学到的是，至少在这个时刻，在虚拟现实的这个阶段，让别人相信这是第一人称的故事这件事，我们是可以做到的。但我们要不断提醒观众，这是他们自己的故事。假设你在一个虚拟环境中，你站在"千年隼号"上，并在其中移动，然后讲故事的人让你想象在另一个房间里，比如说在"千年隼号"的驾驶舱里，汉和楚伊正在进行一段与观众无关的对话。如果要让观众注意到这一点，而又不因此分心，这是相当复杂的。当我们简化了对话，使其都与观众有关的时候，

---

① 卢卡斯影业开发部高级副总裁。

这个故事的第一人称体验变得更加清晰和美好了。这只是卢卡斯影业和工业光魔实验室学习和实验在虚拟现实中讲述故事的一个例子，我们得到了令人惊讶的结果。

2）虚拟现实故事中的表演与导演
泰伊·谢里登，《头号玩家》的演员、以太公司的共同创办人
尼古拉·托多罗维奇，导演、以太公司的共同创办人

泰伊·谢里登（Tye Sheridan）被评为《综艺》（*Variety*）十大值得关注的演员之一。谢里登最近在《X战警：天启》（*X-Men: Apocalypse*）中饰演独眼巨人，在特伦斯·马利克的《生命之树》（*The Tree of Life*）中担任主演，在《烂泥》（*Mud*）中与马修·麦康瑙希（Matthew McConaughey）联合主演，并在史蒂文·斯皮尔伯格的《头号玩家》中扮演韦德·欧文·瓦茨／帕齐瓦尔。尼古拉·托多罗维奇（Nikola Todorovic）拥有视觉效果领域的工作经历，是虚拟现实领域的新锐导演。谢里登和托多罗维奇共同创办了一家虚拟现实制作和开发公司，即以太公司。

约翰·布赫：	让我们先谈谈为什么虚拟现实变得如此重要，为什么说现在是大规模开发虚拟现实的合适时机。
泰伊·谢里登：	这是个好问题。实际上，有个导演给我看了一部他在 1998 年或 1999 年制作的影片，那部影片就是围绕着虚拟现实展开的。在故事中，男人拥有一个虚拟女友。
尼古拉·托多罗维奇：	"千禧一代"对技术的态度非常开放。当我还是个孩子的时候，只要一使用电脑，爸爸就会说我在浪费时间。但是现在，一切都与技术有关。我认为虚拟现实成功的另一个原因就是互联网发展得更快了。如果你在四年前想要体验虚拟现实，会比较麻烦。这是个大问题。你必须有高速宽带才能做到这一点，因为现在所有东西都在流媒体上。人们现在也比以前更愿意戴头盔了。谷歌眼镜是一个很好的开端，尽管它失败了。人们对可穿戴技术仍持更开放的态度。虚拟现实中的"哇"元素则完成了这一循环。
泰伊·谢里登：	我请我 73 岁的爷爷进行体验。他摘下头盔，看着我。我说："爷爷，你觉得怎么样？"他不知道该转动头部来看，只是说："这确实不一样。"他无法理解这到底是什么。看

着他在虚拟世界里的样子很有趣。我说："爷爷，你可以向左看和向右看，它会跟踪到你看的任何地方。"他开始犹豫不决地向左转头，然后意识到画面也在移动。他可以看任何地方，视线被 360 度的画面填满了。这是一次很棒的体验。

尼古拉·托多罗维奇： 我不喜欢人们将虚拟现实与 3D 相提并论，更何况虚拟现实还没被广泛采用。3D 已经存在很长时间了，但它并没有真正改善用户的体验。我认为它们很不一样，是不可比的。虚拟现实确实带来了很大改变，它把人带入一个新世界。我们现在还处在早期阶段，就像是电影制作的早期一样。

约翰·布赫： 克里斯·米尔克有句名言，称虚拟现实是终极的共情机器。你认为沉浸式环境和共情之间的关系是什么？二者有什么联系？

泰伊·谢里登： 它们是不同层面的娱乐，是不同的体验。我记得在 2014 年的圣丹斯电影节上，Oculus 有一个展台。我走进去，看到所有人都在尝试体验虚拟现实。他们完全不知道自己在哪里。我想我总是会被故事吸引，因为它把我带出了我的世界，而这只是一种完全不同层次的共情。沉浸式环境无疑使共情又上了一个台阶。

尼古拉·托多罗维奇： 我也认为这是一个心理问题。当我们的大脑习惯于某种活动时，惯性是一个大问题（即惯性思维）。这就是为什么故事如此珍贵。如果你制作了一个好故事，你就可以感动和激励人，或者让人了解非洲孩子是如何生活的以及叙利亚难民是什么感受。你必须制作一个非常好的故事，因为我们总是在新闻中看到这些，大脑已经变得非常适应它，已经没有那么多的共情了。如果你在电视上总能看到暴力事件，那么在电视节目或电影中看到有人被杀的场景就不会对你造成太大影响。虚拟现实非常新，因此大脑会被欺骗，会相信它是真实的。

约翰·布赫： 对于其他类型的视觉叙事，无论是戏剧、电影、电视，还是电子游戏，我们都是在一个房间里与陌生人或家人等共同体验的。目前，在虚拟现实中，你需要戴着头盔。你在这种环境中会非常孤独。你认为虚拟现实的社交功能将如何改变叙事呢？

尼古拉·托多罗维奇：差不多就是《头号玩家》那种了。

泰伊·谢里登：那将是一个更加迷人的世界。你可以选择和谁一起出去玩——去理想中的世界。《头号玩家》是根据欧内斯特·克莱因（Ernest Cline）的小说改编的。在这部小说中，你可以看到所有孩子都按照自己的愿望和喜好生活在不同的星球，他们可以去游乐园星球或者运动星球。有这么多不同的选择，为什么还要生活在一个限制我们做喜欢的事情的世界里呢？如果能随时掌控这一切，何乐而不为？

尼古拉·托多罗维奇：我想这本书说得很好，接下来的危险就是你可能会迷失。

泰伊·谢里登：你可能会完全迷失在那个世界里。这是故事的主题之一——忠于现实，拥抱现实。因为到最后，现实才是唯一真实的东西。

尼古拉·托多罗维奇：我还记得大家刚开始使用聊天室的情景，它改变了连接的方式。现在，打电话变得很奇怪，因为我们都在发消息。你打电话给一个你刚认识的人，他会说："这个人为什么给我打电话？他为什么不发消息？"我想我们的孩子会说："哈哈，你们以前还发消息，真可笑啊！"我们自欺欺人地说，那时候科技发展得没有现在这么快。我不像很多人那样害怕科技，我觉得我们必须接受现实。我认为科技很好，但是需要节制。

泰伊·谢里登：我有一个16岁的妹妹。在过去的两年里，我看到了她生活中的很多变化，包括她与每个人互动的方式以及她的成长。回到《头号玩家》，它触及很多这方面的内容，这是它的主题之一。如果你觉得在虚拟现实中做一个不是自己的人很自在，你就会相信自己就是那个人。

尼古拉·托多罗维奇：我确实认为虚拟现实社交和虚拟现实游戏将超越虚拟现实娱乐。我们将在社交体验中进行娱乐。出于这个原因，人们不会经常创建虚拟替身。我希望人们能做自己。

约翰·布赫：泰伊，你认为虚拟现实将如何改变表演行业？演员们已经习惯了："这是我的画幅，这是我在画幅中移动的区域。"

	随着这种情况的消失，演员们将面临什么呢？
泰伊·谢里登：	这是个很好的问题。近年来，我变得非常有技术意识。我相信，我一旦对画幅有了认识，就能更好地完成工作。我总是要求在开拍前先看一下画幅，或者确定用的是什么镜头。当我有画幅意识时，它就会在我的脑海中变得清晰起来。导演和摄影师的工作也变得更容易。我们可以齐心协力地作为一个整体来工作。我们都了解彼此的工作，都了解摄影机的工作方式和布景方式。在虚拟现实中，当你拍摄360度视频时，保持技术意识也是非常重要的，因为会有视觉引导线等问题。这给演员们带来了新挑战，但同时也是新机遇。从某种程度上来说，这更像是舞台表演。
尼古拉·托多罗维奇：	我们最近拍了一场难度非常大的戏。泰伊饰演的角色深爱的一个人在他眼前被杀了，他被绑起来，动弹不得，所以又哭又叫。对演员来说，这真的很难，因为他需要在整场戏里保持情绪，而我们又不能随意切换。我认为许多虚拟现实游戏都是基于绿幕（或蓝幕）拍摄的，那样就可以多次拍摄这样的场景了。
泰伊·谢里登：	需要关注的事情有很多。我知道导演做起来也超级困难。
约翰·布赫：	你们两个成立了这家虚拟现实公司，希望给虚拟现实领域带来什么独特的东西？
泰伊·谢里登：	我认为虚拟现实现在非常缺乏强大的叙事和故事。这种媒介分散了人们的注意力。虚拟现实很酷，但故事是怎样的呢？
尼古拉·托多罗维奇：	我总是跟泰伊说，你问问自己，你做的这个视频被当作普通视频放到 YouTube 上，会好看吗？故事就是故事。当在不同的媒介上被观看时，故事是不会改变的。孩子们正在习惯用手机看电影。如果你有一个好故事，在哪里看并不重要。我认为这是我们公司所关注的一件大事。故事是最重要的。
泰伊·谢里登：	没错，我们不该被技术分散注意力，技术只是带领我们了解故事的工具。
尼古拉·托多罗维奇：	一旦把注意力放在技术上，我就会意识到我在体验某个东

西，从而脱离故事本身。

约翰·布赫：　　　　　它破坏了沉浸感。

尼古拉·托多罗维奇：对我来说，这完全破坏了沉浸感。我有过180度的体验，很棒。如果有故事，我甚至不需要再去制作360度视频。

3）案例研究：Baobab 虚拟现实工作室

莫琳·范，首席执行官

埃里克·达内尔，首席创意官

Baobab 工作室由莫琳·范（Maureen Fan）和埃里克·达内尔（Eric Darnell）于2015年成立，是一家虚拟现实动画工作室，主要创作动态叙事和故事线。《入侵！》（INVASION！）是该工作室的第一部虚拟现实动画电影，赢得了翠贝卡电影节、戛纳电影节和多伦多国际电影节的奖项。莫琳·范曾在电影、游戏和消费互联网等多个领域工作。她曾担任社交游戏公司 Zynga 的副总裁，负责三家游戏工作室，参与了《虚拟农场》（FarmVille）续集的制作。此前，她在皮克斯和易贝（eBay）从事产品管理和用户界面（UI）设计工作。她最近参与的作品是由堤大介（Dice Tsutsumi）和罗伯特·近藤（Robert Kondo）执导的《守坝员》（The Dam Keeper），该作品获得了2015年奥斯卡最佳动画短片提名。

埃里克·达内尔的职业生涯达25年，曾担任电脑动画导演、编剧、叙事艺术家、电影导演和执行制片人。他是《马达加斯加》（Madagascar）系列电影（共4部）的导演和编剧。这四部电影的总票房超过25亿美元。他也是《马达加斯加的企鹅》（The Penguins of Madagascar）的执行制片人。此前，埃里克执导了梦工厂的第一部动画长片《小蚁雄兵》（Antz）。该片由伍迪·艾伦（Woody Allen）、吉恩·哈克曼（Gene Hackman）、克里斯托弗·瓦尔肯（Christopher Walken）等配音。

莫琳·范专注于虚拟现实动画内容，并解释了为什么他们一直关注这一媒介领域。"我们相信，在内心深处，每个人都是一个梦想家。它真实存在，这就是我们今天仍然去看电影的原因。我们是去体验那些我们在日常生活中无法遇到的人物和故事的。动画在这方面做得比真人电影好，因为真人电影仍然受到现实的限制，而动画只受到导演的创造力的限制。对我们来说，动画是一种情结，它带你进入完全不同的世界，一个如此真实、伸手就能触摸到的世界。动画带你进入一个不同的世界，并让你相信这个世界是真实的，而这也就是虚拟现实的定义。这就是为什么我们认为动画和虚拟现实是相互成就的。"

达内尔对此表示认同："我们专注于虚拟现实中的互动叙事，并利用叙事的一大优势，即通过与故事中的人物建立共情关系，引发深刻的情感体验。这就是几千年来人们讲故事的方式。讲故事是随着人类的发展而发展的，它存在于我们的基因中。真的，这就是作为人而存在的意义，这也是经典的叙事形式，像文学、电影、电视和戏剧，能够在人们身上引发强烈情感的原因之一。我们关注的正是人类强烈的情感体验。"

Baobab 工作室已经赢得了视觉叙事领域的一定认可。在看了该工作室的作品后，皮克斯的联合创始人阿尔维·雷·史密斯（Alvy Ray Smith）将电影中的主角兔子比作虚拟现实本身的力量。"这会让你相信一个角色真的存在，真的重要，然后能够代表角色去行动。你无法在其他故事媒介中做到这一点。如果回头去看电影，你会发现只要坐在那儿，就能获得非常强烈的情感反应。这是很了不起的。它可以让成年男子哭泣，让观众齐声惊呼，让人们紧紧抓住恋人的手臂，以及让孩子们本能地呼唤着母亲。"达内尔认同好的故事是虚拟现实成功的关键这个观点。"通过虚拟现实叙事，我相信能够获得与在电影中一样深刻的情感体验，这些体验有可能变得更加深入，因为我们确实生活在其中。"

达内尔说："虚拟现实不是电影，不是游戏，但它至少应该是我们选择的方向。没有摄像头，没有屏幕，没有画幅，没有可以被打破的第四堵墙，所以当角色看着你的时候，他们只是在看着你，你就在他们的世界里。"

Baobab 工作室计划继续专注于角色驱动的叙事。"在电影和虚拟现实领域，有一件事是绝对正确的，那就是拥有优秀的角色。这就是讲故事的意义。这关乎你与生活在这个世界中的角色的联系。你了解他们是谁、在做什么、为什么这么做。"达内尔说，"我们需要知道角色在想什么，而在他们采取行动之前，我们就采取了行动。我们需要看到这一点。如果你能够将这一点传达给观众，并理解角色的内在驱动力，便能真正与角色建立联系，从而理解角色，与之产生共鸣。"

4）虚拟现实叙事中的新闻
萨拉·希尔，StoryUP 的首席执行官和首席故事讲述者

萨拉·希尔（Sarah Hill）曾获得艾美奖，在互动新闻行业工作了 20 年。在创办 StoryUP 之前，她成功地创作了一部电视专题片，并在谷歌的 Hangouts[①] 的基础上创建了世界上第一个交互式新闻节目。她曾在越南、危地马拉、斯里兰卡、印度尼西亚和赞比亚制作内容，并与谷歌、NBA 和美国陆军等合作。

约翰·布赫：你是怎样开始对讲故事感兴趣的呢？

---

① 一款视频聊天服务软件。

萨拉·希尔：在我当记者时，讲故事对我来说就已经变得很重要了。我在20世纪90年代初进入电视行业，做了关于几个退伍军人的故事。我爱上了这些故事。最终在密苏里州的哥伦比亚市，我们开设了一个荣誉飞行中心，航班会载着年老的退伍军人去华盛顿特区参观纪念碑。我之所以选择虚拟现实，是因为很多退伍军人打电话给我，说他们病得太重，无法坐飞机去华盛顿参观。因此，我需要一个替代方案。我们使用谷歌眼镜，试着把他们带到那里。我们进行流媒体现场直播，把笔记本电脑带到退伍军人的床边。当然，带宽等方面的问题还是存在的。有人提出了虚拟现实的建议。我之前试过谷歌的纸板眼镜，听过克里斯·米尔克的TED演讲。我被震住了。我说："这是缺失的环节，这是我们可以做的……用虚拟现实来为这些退伍老兵进行拍摄。"在老兵们第一次体验后，我注意到他们情绪激动。其效果远远超过了普通固定帧的平面视频。看到他们对沉浸式内容的反应，我知道，对一个讲故事的人来说，这可以是一个非常重要的工具。除了好的写作和好的视频、好的价值、好的视角之外，虚拟现实技术已经非常成熟，可以用来讲故事以创造情感共鸣了。从那以后，我辞掉了一份薪水丰厚的工作，开了自己的公司。我们是一家沉浸式媒介公司，有一个品牌工作室和一个新闻工作室。

我们的主要经济来源是与基金会和慈善机构合作，向公众展示这些机构的状况，以此筹集资金或从捐赠者处获得支持。这是我们的主要工作。我们也做冥想和正念体验。我们的应用程序提供了各种各样的故事，不仅有医疗保健故事，还有中风体验等。

约翰·布赫：为什么在虚拟现实空间里讲故事是不同的？虚拟现实给讲故事的人提供了哪些不同于传统媒介的机会？

萨拉·希尔：虚拟现实叙事与众不同，又与众相同。很多人认为，利用虚拟现实讲故事意味着自由。"哦，这太棒了，没有框架，我也是这么做的。""哇，这是一种解脱，可以看任何地方。"当开始写故事时，人们则会意识到，这里还是有一个框架的，只不过它是一个像球体一样的框架。这个框架不断地左右移动，限制着讲故事的人。几十年来是我们一直控制着它，是我们决定了人们通过框架看到什么，现在我们没有控制权了，观众自己决定要看哪里。这对我们讲故事的人来说是一种权力的斗争。这是一种不同的叙事方式，因为你不知道观众看到了什么。因此，我们必须使用定位音频、叙事、图形以及目标跟踪系统来和缓地引导观众的注意力。

这是一种不同的叙事方式，一种不同的体验方式。我们不再通过矩形画幅来体验，而是使用文字、图片、视频、静态照片和所有媒介设备，使人置于故事中。现在的技术可以真正将人置于故事中。对于讲述者来说，这是一个非常强大的工具。我们研究过固定帧视频和球面视频的区别。对于后者而言，观众的参与度更高，分享度更高，观看的时间更长，而且人们会想再看一遍，担心在四处闲逛时错过了一些东西。

人们想再看一遍，对此销售人员应该特别开心。在固定帧视频和沉浸式视频之间，大脑中还发生了一些非常有趣的事情。心理学家杰夫·塔兰特（Jeff Tarrant）博士与我们一起工作。他研究沉浸式视频对大脑的影响，我们则把故事交给他处理。人们不仅在观看视频，而且在感受视频。所以你创造一段体验之后应该把它呈现给不同的人，甚至是房间里最容易产生晕动症的人，然后问他们："你观看时感觉如何？轻微的动作打扰到你了吗？你有想吐的感觉吗？"

约翰·布赫：让我们来谈谈叙事人物的概念。我们熟悉戏剧、电影和书籍中的人物。你能谈谈你从传统的训练和故事人物中吸收了什么，以及是如何将其带入虚拟现实空间的吗？

萨拉·希尔：在新闻界，从业者不可以进行表演，或使用道具、布景之类的东西。我们只需要捕捉事实，而这正是我们在虚拟现实中在做的事情。你会看到很多电影制作人在表演，或告诉人们该说什么，或把道具带进来。我们的故事更多是新闻故事，而不是电影制作。作为记者，我们学会了如何为故事找到引人注目的人物，这是固定框架世界中的故事驱动力。对我们来说，将这个概念用到沉浸式世界中是很自然的事情，因为我们需要通过人物来讲故事。当然，你可以把一棵树、一只狗或类似的东西拟人化，但你终究需要人物，不管是有生命的还是无生命的。所有故事都是由人物驱动的，我们称之为"CCCs"（central compelling characters），即故事中引人注目的核心人物。在制作沉浸式视频时，我们必须决定故事场景中谁是摄影机。摄影机在作品中不必是一个人。我们经历了惨痛的教训，曾认为所有这些作品都必须是观点的一部分。事实并非如此，因为如果这么做，你会无法了解故事的方方面面，有时你会完全错失共鸣。例如，我们曾认为，在《赞比亚》（Zambia）中，应该将地面上的人作为叙事视角，并一直保持如此。但如果一直用这个视角，你就会错过一个非常重要的视角，即当某个人爬向你时你的感觉。你必须同时拥有第三人称视角，否则就会觉得有些局促。有时候你想让人们体验到束缚感，但有时候你也真的想让人们体验所有不同的角度。

当然，作为记者，我们的默认立场是，希望观众体验到各种不同的视角。在这个固定框架的世界里，记者拥有找到引人入胜的故事的能力。没有新闻的时候，我们就接受这样的训练。主任编辑会说："走吧，离开编辑室，去找一篇报道。"所以这是我们必须习惯的。任何一个专题记者的脑子里随时都储存着三个故事。没什么事发生的时候，他们会把那些故事讲出来。为什么？他们和加油站的人聊天，和杂货店的人交谈，在社区做志愿者。他们的口头禅是："这儿有什么新闻吗？"他们不断思考那些可以报道的故事。

约翰·布赫：让我们来谈谈技术吧。在传统的固定帧媒体中，我们会在人物下方留出三分之一的画面。在虚拟现实叙事中，这三分之一被转移到了空间中，放到了人物旁边或者某个仍能识别出人物是谁的地方。你能稍微谈谈找到"甜点"（the sweet spot）的过程吗？也就是说，如何从技术上制作出优秀的虚拟现实叙事？

萨拉·希尔：如果看看我们早期的作品，你会发现我们确实把它放在了它一直在的地方，因为那是令我们感到最舒适的地方。我们很快意识到这并不总是一个可行的解决方案，因为在虚拟现实中，观众可以四处查看。既然说话人的身体可以漂浮到一边，为什么还要遮盖扬声器呢？什么时候可以把它嵌入旁边的盒子里？什么时候可以把它放在山边？

约翰·布赫：能说说虚拟现实故事的发展方向和你希望看到的方向吗？

萨拉·希尔：我们与"光之力量"（Empowered By Light）以及莱昂纳多·迪卡普里奥基金会有合作项目——太阳能的缺乏是如何威胁到亚马逊某个部落的土地的。这些让世界变得更美好的项目是我希望的方向。我们还在与 Facebook、Oculus 和一个名为"爱无标签"（Love Has No Labels）的慈善机构合作。我们研究剪裁，研究球面，研究镜像。我们观察那些隐性的偏见，用 360 度视频向人们解释隐性的偏见，以及我们为什么只能看到一个故事或一个人的部分，而很难看到其全貌。

约翰·布赫：最后，所有的技术都会把我们带到某个地方。在一个理想的世界中，
你希望看到这种技术把人类带到哪里？

萨拉·希尔：我希望它能带我回到家庭录像中。我希望能够把我两岁时和妈妈一
起过生日的固定帧视频放在虚拟现实头盔里，然后再看一次，就像
我当时在场一样。我知道一些聪明的人也会想出这个主意，我认为
这真的很好。

5）总结：故事讲述者的洞察力

故事讲述者关注的地方近至房前屋后，远至苍茫太空。他们掌握的工具比以往任
何时候发展得都快。一些故事讲述者与观众们非常熟悉的人物和原型一起工作，如罗
布·布雷多。其他人，如萨拉·希尔，在开展每一个项目时，都需要思考哪些现实人
物能成为故事中的人物。这两位故事讲述者都使用人物，但方式截然不同。如第6章
所详细讨论的，了解人物是怎样发挥作用的，有助于创作者确定叙事的基本组成部分。
我们会同人物和其所处的场景产生共鸣，而不是同环境或无生命的物体（如服装）产
生共鸣，尽管这些元素很重要。布雷多更是明确地将情感共鸣视为他在创作故事时寻
求的共情。共鸣指的是两种相似的事物具有相同的性质，情感共鸣则是指两个有着相
同品质或情感的人——角色和观众——进行对话。希尔称之为"CCCs"。这些正是泰
伊·谢里登在虚拟现实叙事中所演绎的角色。他示范了当演员真正理解人物在故事进
展中发挥的作用时可能出现的情况。如果没有吸引人的角色，我们就没有必要考虑或
进一步构建故事了。

Baobab 工作室在故事中主要使用动物的动画形象，但也表现出对人物相同的理
解。他们重视布雷多所说的共情和情感共鸣。萨拉·希尔在非洲讲述的故事、Baobab
工作室在动画中讲述的故事，与罗布·布雷多在《星球大战》中讲述的故事之间既有
很大的跨度，又没有太大的差异。所有讲故事的人都明白，故事始于人们认同的有影
响力的人物。所有人都明白技术的优势和局限性，但我们不能让技术本身成为工作重
点。故事讲述者所创造的人物体现了最好的（和最坏的）一面，以及我们想成为的
人。我们从人物的错误中吸取教训，从他们的胜利中获得喜悦。真实的故事、部分
基于真实事件的故事、完全虚构的故事在叙事世界中都占有一席之地，在虚拟现实
世界中亦是如此，只要它们遵循人类数千年来一直恪守的叙事原则——人物、冲突
和解决方案。

在本书和本节中，许多故事讲述者都说过，虚拟现实不会一直是一个人的体验。

随着社交虚拟现实体验的出现，用户将通过该技术体验到情感共鸣，就像在电影院一样。社交虚拟现实体验和故事必须具备吸引两三个观众的能力，以及同时向成千上万人讲述故事的能力。随着技术的发展，这些潜力无疑将改变故事在虚拟现实空间中的创作方式。这些变化会让使用了几个世纪的媒介元素和方法变得越来越重要。正如埃里克·达内尔所说的："讲故事是随着人类的发展而发展的，它存在于我们的基因中。"没有任何迹象表明，讲故事不会以一成不变的方式贯穿人类的进化过程。

访谈与案例研究 2：技术专家和制片人

1）虚拟现实中的非线性叙事

乔纳森·克鲁塞尔，谷歌 Daydream[①] 制片人

乔纳森·克鲁塞尔（Jonathan Krusell）是一位创作者，在互动娱乐制作、创意和战略方面有十余年的工作经验。他在职业生涯中经历了从制片副总裁到工作室导演的各种角色。他参与制作的游戏获得了诸多奖项。例如，《复仇者行动》（*Avengers Initiative*）获得 2012 年 IGN 人民选择奖，《迪士尼有罪派对》（*Disney's Guilty Party*）被评为 2009 年 E3 最佳家庭游戏，《僵尸斯塔布斯》（*Stubbs the Zombie*）获得 2005 年 E3 GameSpot 最佳僵尸使用奖。他参与的其他重要项目包括迪士尼的《鬼屋》（*The Haunted Mansion*）、《查理和巧克力工厂》（*Charlie and the Chocolate Factory*）、《50 美分防弹：G 装版》（*50 Cent Bulletproof: G Unit Edition*）以及《蜘蛛侠 3》（*Spider-Man 3*）。目前，他在 Mindshow[②] 担任执行制片人并在谷歌 Daydream 担任制片人。

约翰·布赫： 请说说你在游戏领域的背景，以及这些背景是如何引导你走向虚拟现实的。

乔纳森·克鲁塞尔：我做游戏已经 15 年了，包括主机游戏、电脑游戏和手机端游戏。事实上，游戏是我的初衷。我上过电影学院，对电影很感兴趣，但觉得电影在 20 世纪 70 年代末已经达到顶峰。我不知道自己的想法是否正确。我想进入仍处于上升阶段的领域，所以游戏是我长期关注的领域。在之前的游戏中，用户操纵控制器，控制器接收信号并将其放入系统中，系统解释信号，然后触发动画。如果你认为玩家是表演者，而虚拟替身是表

---

① 谷歌的一个虚拟现实平台。
② 一家虚拟现实电影制作工具研发公司。

演的呈现者，那么它们之间就存在许多层次。虚拟现实使这些层次面临崩溃。高端系统中，甚至是虚拟现实的中级系统中，基本上都有用户级的动作捕捉系统。HTC Vive 有捕捉动作的灯塔，Oculus 有摄像头，谷歌 Daydream 有加速度计。它们都在捕捉动作，但实际上这些都是你的动作。

有些游戏让玩家直接驱动角色，这意味着所有这些层次都坍塌了。现在有了即兴发挥的机会，你可以做一些工程师从未想过的事情。在此之前，工程师、设计师和美工必须提前考虑方方面面，并将其放到软件中，这样你才能触发它。他们不用再这么做了。玩家还不能做所有事情，因为虚拟现实还没有实现全身动作捕捉，但它仍然很强大。在不久的将来，随着新技术的发展和融合，虚拟现实将变得越来越强大。类似的东西现在也存在，只是在不同的设备上。当这些东西融合成一个设备时，它将变得越来越强大。

约翰·布赫：　你从虚拟现实游戏中收获了什么？你认为它需要突破的是什么？

乔纳森·克鲁塞尔：我对虚拟现实最大的贡献是有勇气做软件开发。软件开发是一件非常伤脑筋的事情。事情总是在不断发展，我们很难预测最终的结果。在开发一个项目时，前三次尝试是很可怕的。最终你会接受它。"好吧，一切都会好起来的。"我也很喜欢非线性叙事。事实上，我对它非常满意，甚至比对三幕式结构更喜欢。一个三幕式结构的故事意味着剥夺用户的掌控力。长期以来，电子游戏一直试图通过电影观众实现这一目标。我们只是想在游戏中重现电影。非线性叙事在虚拟现实中做到了这一点。我以前开过一家动作捕捉工作室，类似于圆形剧场。我们一直在思考 3D 体积和 3D 空间，探索如何在不知道用户位置的情况下讲述故事。《半条命》（Half-Life）在这方面一直做得很好。故事发生在预先设定好的对话中，但你可以在整个空间中移动，人物会对你做出反应。最重要的是，我喜欢沉浸的理念——努力找到让玩家沉浸于游戏中的方法。其他媒介很难具备虚拟现实的沉浸感。例如，书籍是世界上最具沉浸感的东西，但它是一种特殊的媒介，并不包含音频 /

视频体验或触觉反馈。

约翰·布赫： 在虚拟现实中，我们拥有更深层次的具身化呈现。在一些虚拟现实体验中，我可以看到我的手。你能谈谈具身化吗？

乔纳森·克鲁塞尔： 这一点实际上与电子游戏不同。我在游戏中所熟悉的套路在不断进化，并不像以前那样适用。以前的第三人称动作游戏，给人的感觉是你在驾驭一个虚拟替身。现在，虚拟现实中的第三人称体验就像我和你。有一个角色，而我是另一个角色，我们一起体验。这是非常不同的。

第一人称就更不同了。以前，第一人称让人感觉"我"就在故事中，但"我"和世界之间有一道屏障——就是屏幕。现在有了虚拟现实，这个障碍就消失了，"我"实际上被它包围了。对一些用户来说，这可能会让他们焦躁不安，深感震惊。作为一名设计师，你一定要问：你是否想让用户感到不舒服？这是否会成为你努力实现目标的障碍？

在我做过的一些应用项目中，你可以化身为一个外星人、一名女子，或者一名男子。在所有这些情况下，都会有片刻、几分钟或永远不会结束的不适感。电子游戏中的女性角色非常受欢迎，但我想知道，在虚拟现实中，对于一些男性来说，化身为女性角色并试着适应是否面临更大的障碍。你必须考虑何时去做以及如何去做，同时也要让用户做好准备。突然进入一个新的领域，会使人产生轻微的身份危机，这可能让人很不安。这是一个与游戏非常不同的领域，我仍然有很多东西需要了解和学习。

约翰·布赫： 你以前为迪士尼开发过内容。我们一般认为虚拟现实是 16 岁或以上的人参与的东西，也许 16 到 40 岁才是它真正的目标人群。你认为会有不同形式的虚拟现实提供给不同年龄的观众吗？显然，内容将成为一个问题。你认为在设计或讲故事方面，这会有什么不同吗？

乔纳森·克鲁塞尔： 是的，在长度和强度上，你可以通过不同方式来考虑更为理想的使用案例。我认为谷歌纸板眼镜对一个 10 岁的孩子来说是适用的，因为它没有那么大的强度，是很容易退出的东西。《远征》（*Expeditions*）便是一个很好的例子，即你能够创造出只在虚拟现实中使用的内容。我的孩子们还很小，我正在犹豫要不要让他们进入虚拟现实，但我肯定不会让他们用 HTC Vive，因为它的强度太大了。让我妈妈体验虚拟现实那次是一次奇怪的经历。她已经 70 多岁了。在她戴上头盔后我才意识到，这一切看起来有多荒谬，因为使用 HTC Vive 很像在驾驶无人机之类的东西，军用级别的那种。

约翰·布赫： 你认为对于虚拟现实的叙述者来说，接下来面临的挑战是什么？

乔纳森·克鲁塞尔： 做软件开发这一行，永远不会太舒服。技术总是在变化，你得习惯这种节奏。我认为，这对来自其他行业的正在学习软件开发的来龙去脉的人来说将是一个挑战。某些时候，我们需要基于伦理道德对内容做出取舍。现在，这是一个人际关系非常紧密的社区，我们需要远离一些不言而喻的领域。当然，也不会永远这样。

约翰·布赫： 如果我能接受杀死一个人工智能，那么我就会体验到谋杀的感觉。我们现在应该认真考虑的伦理问题是什么？大多数人都同意，玩电子游戏时虽然会整天开枪打人，但我们不会真的想去杀人。但某些时候，虚拟现实中的人工智能会让人觉得真的开枪杀了人。我们该如何驾驭它？

乔纳森·克鲁塞尔： 是的，我同意你的看法。过去，由于银幕这个屏障的存在，大家心知肚明这不过是一场戏。现在银幕的屏障已经不存在了，我们又该如何监管呢？我不知道。大功率电流通道如何进行自我调节？在理想情况下，存在某种自我调节的系统，但我不能马上想到一个这样的系统。这些问题很重要，因为它们是无法回避的。

约翰·布赫： 我想聊回非线性叙事。可以说，在所有活动中，人类都是通过叙事来理解世界的。

乔纳森·克鲁塞尔： 对，我们不断地在游戏中叠加故事。

约翰·布赫： 确实。当我们谈到非线性叙事时，是否存在从结构化故事中提取出来的叙事碎片，那就是"好吧，这不是一个线性故事，但仍然有一个好人和一个坏人，或者仍然存在这种冲突"？非线性叙事是如何运作的？你能讲讲吗？

乔纳森·克鲁塞尔：非线性叙事有不同的类型。电影《妙探寻凶》（Clue）有多种结局，桌游也是如此。非线性在神秘题材中很管用。作为桌游的《妙探寻凶》既有游戏桌面的情境，也有线索和角色的情境，还有你在游戏中前进并做出推断的进程。游戏并不知道你将做出何种选择，也没有告诉你如何使用找到的线索做出相应的推断。现在，游戏确实知道谁是真正有罪的，答案被放置在信封里，但这并不会改变你的故事。

直到结局，游戏都是非线性的，而结局是确定的。你可以根据捡到的面包屑，以及你的理解，在脑海中创造出属于自己的故事。对我来说，这就是非线性叙事，就像背景叠加了进程。你在事情上有选择权，并能够解释和推断你所相信的。在虚拟现实领域，我真正感兴趣的是神秘游戏的理念。谋杀之谜是最古老的平行实境游戏。

约翰·布赫：在电子游戏中，大多数故事都有一个结局——你征服了游戏。也有例外，比如建造世界的游戏就是不断地进行下去的。在虚拟现实体验中，是否有人会进入一个没有明确结局或目标的空间？你是否认为这会让玩家感到沮丧，或者认为通过不断探索，虚拟现实将产生《魔兽世界》（World of Warcraft）那样的效果？你认为需要朝着什么方向设计体验？我们是需要引导人们走向一个终点，还是引导人们进入无尽的探索中？

乔纳森·克鲁塞尔：我认为它会随着媒介的发展而发展。现在，有个结局是好的。长度有限的单人游戏会越来越多，甚至可能是章节式的。现在这些作品都还是实验性质的，作用在于帮助人们了解什么是理想的作品。它会伴随着尝试向任一方向发展。我认为多人游戏或共享体验将变得非常重要。扮演不同的角色，比如在神秘的谋杀中进行即兴发挥，效果会很棒。"我们在城堡里体验吧。""不，我们还是去维多利亚时代的庄园里体验吧。"诸如此类的东西，允许人们为自己定制体验。最终，这些东西会存在于某种共享的宇宙中。在这个宇宙中，它们是循环中的循环。完成一个循环后，它会显示一个更大的循环。这基本上是在创造某种模拟现实，而模拟现实可以定义规则。最重要的是，当用户进入应用程序时，他们获得的承诺是什么。如果有对结局的承诺，那你最好给用户一个结局。如果承诺的是一个宇宙，那你必须建立规则，然后让用户在这些规则内做出选择。这才是真正的潜力所在——共享的宇宙。

约翰·布赫：　如果要建立虚拟现实，让人们真正拥有身临其境的体验，规则是必要的吗？

乔纳森·克鲁塞尔：　我认为规则是与生俱来的。这就是为什么如果你想让某些东西看起来如照片般写实，就需要设置一个标准，让所有东西都与之相匹配。物理效果最好是真实的，灯光最好是真实的，规则设置最好是真实的。如果你创造的是类似于虚拟现实版的《超级马里奥》（Super Mario），那便是完全不同的一套规则了。

这并不是是否需要创建规则的问题。人们期待规则，接受那些已经制定好的规则。人们愿意去寻找场景中的规则，并期待着被满足。采用意想不到的规则会很冒险，因为这可能会破坏玩家的沉浸感。如果有东西看起来很逼真，但不能被拿起来，人们就会很沮丧。在电子游戏中，你可以避开这些东西，因为预期不同，你会从中获得许多在虚拟现实中无法获得的东西。你必须非常慎重，这就是为什么现在风格化的内容更安全，这样就可以在游戏过程中向玩家传达规则。我喜欢从细微之处着手，然后在上面叠加复杂性。这只是我的风格，我认为这样能得到更一致的东西。

约翰·布赫：　你提到了多人游戏体验。在虚拟现实的历史中，迄今为止，一直提供的都是单个人的体验。我戴上眼镜，独自一人摸索着一切。在不久的将来，当我们开始与朋友、家人或陌生人进行多人游戏时，体验将大不一样。当从个人媒介转向群体动态媒介时，叙事会发生怎样的变化？

乔纳森·克鲁塞尔：　我认为那就像角色扮演一样。我们都默认生活在幻想中，尽最大努力在幻想中相互支持。如果你打破了它，就会产生某种社会反响。我是说，在现实生活中，我们每时每刻都在这样做。虚拟现实的关键在于配对，这确实是大事。你必须在特定时间拥有大量不同技能水平的玩家，创办高质量的比赛，让每个人都能从中获得乐趣，然后他们才会再次出现。这就是主机游戏的现状。

当今的虚拟现实体验中，至少在我看来，很快就会有非常短的多人版本，比如1小时或更少。如何才能获得高质量的多人游戏体验？这个问题很棘手。它必须是由事件驱动的，并且必须是有因果关系的超级事件。就像有了Netflix和其他流媒体，你可以在任何时候消费任何东西。现在，可能会出现新的活动系统，让虚拟现实成为茶水间的谈话。"天啊，你昨晚也在吗？"对我来说，有两件事是令人兴奋的：既有共同幻想，也有创造工具。我对共同幻想的角色扮演很感兴趣。然后是谷歌的Tilt Brush，它允许你以一种虚拟现实中特有的方式去创造。如果能把这两件事结合起来，就会很神奇。

约翰·布赫：　　当我们能够摆脱头盔时，虚拟现实作为一种讲故事的媒介会是什么样子的？一旦它成为真正的增强现实，故事又会被如何讲述？故事和现实之间的界限又有多大呢？

乔纳森·克鲁塞尔：虚拟现实中必须有某种视觉语言或自适应性密度的幻想作品，它能识别出人的精神状态，并根据需要进行调整。如果技术严丝合缝，就会变得非常怪异。有没有某种集中式服务能确保增强现实与现实之间不产生冲突，比如我们的幻想是和谐的，或者至少是相互增强的，又或者保证我们不会走到悬崖之类的地方？我认为，除非发生灭顶之灾，否则增强现实一定会继续发展，这正是我们需要人工智能帮忙的地方，如果它不先奴役我们的话。

2）恐怖类的虚拟现实叙事

萝宾·唐·格雷，Otherworld Interactive公司首席运营官兼首席设计师

安德鲁·戈德斯坦，Otherworld Interactive公司首席执行官

萝宾·唐·格雷（Robyn Tong Gray）是一名互动媒体设计师，她的研究方向是媒体融合、叙事方法和共情。她的作品曾在独立游戏节、IndieCade（独立游戏展会）和圣丹斯电影节等上亮相。萝宾是《姐妹》（*Sisters*）的导演。《姐妹》是Otherworld Interactive公司出品的恐怖系列游戏，围绕着一对幽灵般的双胞胎玩偶和她们闹鬼的家展开。她和安德鲁·戈德斯坦（Andrew Goldstein）创建了Otherworld Interactive公司。这是一家位于加利福尼亚州卡尔弗城的知名虚拟现实内容工作室。

约翰·布赫：	你是如何对虚拟现实产生兴趣的？是什么促使你进入沉浸式空间的？
萝宾·唐·格雷：	安德鲁和我在南加州大学的互动媒介项目中完成了我们研究生阶段的学习。那里的教授非常集中，都是研究虚拟现实的。我们在学校的时候，马克·博拉斯（Mark Bolas）还在那儿当老师。他现在正在微软开发空心透镜。我们还见到了斯科特·菲舍尔（Scott Fisher）。20世纪80年代，这两个人都曾在美国航天局工作，研究最早的虚拟现实实用技术。 在南加州大学开始这个项目时，我是混合现实实验室的研究助理。当时，马克·博拉斯是实验室的主任。我喜欢媒介叙事，互动对我来说非常有吸引力。游戏市场中充斥着各种各样的新内容，也存在着新的机遇供人们去创造脱颖而出的内容。这便是虚拟现实。
安德鲁·戈德斯坦：	萝宾一直在做虚拟现实项目，有大量虚拟现实方面的知识。她邀请我参与进来，说看看我们能否一起推进这一项目，并开展一项业务。这很棒，因为在当时，制作虚拟现实内容的人很少，我们是其中之一。如今，我们已经基本上把工作室变成了一家公司。
约翰·布赫：	让我们谈谈你们最成功的项目《姐妹》。这个项目是怎么完成的？
萝宾·唐·格雷：	《姐妹》最初是一个为期两周的项目。我喜欢恐怖电影，而且很明显，虚拟现实在很大程度上就是挖掘玩家的直觉反应，恐怖作品同样擅长于此。所以我们想，为什么不做些恐怖的东西呢？我想说，在《姐妹》里我们经常使用套路。我们并没有在这一领域创造出全新的恐怖感，但对于现在的虚拟现实来说这实际上非常重要——在某种程度上让人们明白这是他们所熟悉的内容，哪怕他们还不是很熟悉这种媒介。
约翰·布赫：	你所接受的经典故事训练，以及你所提到的叙事套路能否很好地被转化为虚拟现实？
萝宾·唐·格雷：	我认为转化得非常好。《姐妹》汲取了我们在创作游戏时学到的许多经验，如关于间接控制的内容，以及在游戏中经常被忽视的音频内容。我很早就想好了剧本，定了想要的兴趣曲

线。我们不想有太多的停滞，不然人们会失去兴趣。然后，我们的主要工作就是不断对事件进行微调，找出玩偶弹出的合适距离、合适时间等。此外，我喜欢跳跃式惊吓（jump scares），因为它制作起来很简单，成本也很低。我们也想要超越跳跃式惊吓，融入更多故事细节，并暗示玩家2分钟的线性叙述之外还有其他内容。

约翰·布赫： 让我们谈谈虚拟现实中的掌控力。这是每个人都在试图弄清楚的事情之一。怎样才能给人们一种拥有局部掌控力的感觉，而不是一种整体掌控力？怎样平衡比较好？人们是想要作一些小决定，比如选择携带何种武器，还是想做一些推动整个故事发展的重大决定？你在设计时会进行这样的讨论吗？

萝宾·唐·格雷： 到目前为止，我们做的很多工作都来自对游戏的借鉴。我们会问自己是否想要创造分支叙事，是否想让它线性化。作为玩家，我总是希望自己拥有一些选择的权利，进而影响游戏里的故事。不过，我对虚拟现实技术还不是很满意，觉得它常常会伤害故事。

就算是Telltale（游戏工作室）的《行尸走肉》（*The Walking Dead*），虽然它确实激发了共情，让玩家觉得自己在选择中挣扎，但如果再玩一次，玩家就会觉得自己的决定并不重要，因为其他人后来都被淘汰了。这是让人非常不爽的。显然，不管是谁创作了这个故事，偏离主题的内容都会让人感觉不太好。对我们来说，这已经为整体故事定下了基调。我们希望玩家在游戏中感受到自己的掌控力。他们可能无法改变整个世界的命运，但他们可以通过做决定让自己感觉良好，同时感觉到自己已经尽了最大努力，就像在现实生活中那样。

安德鲁·戈德斯坦： 萝宾提出了一个非常重要的观点，即虚拟现实是关于环境叙事的，它并不总是关于线性叙事的。对虚拟现实创作者来说，其任务并不总是创作最好的线性故事。那有时候是电影人的工作，是体验的基础。我们的任务是创造最佳环境，为故事锦上添花。通常，我们会认真参考嵌入环境中的东西。它们可能是交互式的，比较容易被人们捕捉到。这种交互也会给空间中的人增加一点层次感。它们不一定是线性的片段，但增加了体验的整体氛围。

这为媒介创造了一种新的语言和准则。这就是为什么我认为很多人不太理解，虚拟现实并不是电影或游戏的下一步，它是独立的东西，我们还在摸索如何把它做好。具体地说，在虚拟现实中，有些类型的游戏比其他类型的游戏效果更好，如恐怖类、科幻类。让人难以理解的东西总是比喜剧和戏剧的效果好。尝试制作喜剧的人会面临很多困难，因为喜剧在对时机的把握上要求很高，不然就会错过"抖包袱"的点。恐怖则完全依赖气氛，一种让人害怕的感觉。

约翰·布赫：　让我们多谈谈挑战。几年来，人们一直说虚拟现实叙事的最大挑战是帧率或延迟——这些技术挑战当然仍然存在。但除了明显的技术挑战外，你还发现了哪些需要跨越的大山？

萝宾·唐·格雷：　我认为设定期望真的是一项挑战。比如说，在一些传统的发明家游戏中，当你看到紫色的东西时立马就会有期望，因为紫色意味着可以与之互动，可以抓住它。其他东西不是紫色的，就可以被忽略。虚拟现实使人们置身于虚拟世界中。如果能在虚拟世界中活动自如，接下来人们就会期望与世界上的一切互动。

这其实关乎如何让用户设定期望。他们会事先在脑海中设定一种期望，即使执行时有些小的出入，也不会打破期望。如果他们看到桌子上放着一支铅笔，就会希望能把它拿起来。如果做不到，那他们就会失望。相应地，真实的东西会因此变得更加强大。现在还没有人期望能颠球，但如果能，那真的太令人高兴了。

约翰·布赫：　如果头戴式显示器不再是每个人体验虚拟现实的唯一方式了，那么我们能谈谈虚拟现实未来的可能性吗？你是否已经开始考虑在增强现实环境中进行制作了？

安德鲁·戈德斯坦：业内的每一家公司都必须思考增强现实，不能局限于虚拟现实这一特定类型。增强现实增加了讲故事的全新层次。如果你在虚拟现实中做得很好，增强现实平台会应运而生。从虚拟现实转到增强现实应该不是问题。如果你想自己的公司既是一家增强现实公司又是一家虚拟现实公司，那么你就必须思考如何讲述这两个世界都适用的故事。

萝宾·唐·格雷： 这是非常具体的。就像你不会在制作一款电脑游戏时期望它能够在虚拟现实中运行一样。我们的一些东西被转换得很好，但对其他人来说，情况就大不相同了。我个人认为虚拟现实是一种优秀的故事叙述媒介，而增强现实则更适合讲述非常具体的故事。就我个人而言，我更希望在日常生活中通过增强现实获得实用的东西。

安德鲁·戈德斯坦： 我们内部有很多关于虚拟现实是一种高级娱乐平台，而增强现实是一种高级工具平台的讨论。如果看看这些年来技术的颠覆，我们会发现最具颠覆性的就是工具平台。这是日常生活中无处不在的东西，可以用来构建世界。显然，世界构建是与环境叙事相结合的。

约翰·布赫： 从某种意义上说，我分不清用数字技术创造的恐惧感和在现实生活中被人吓到的恐惧感之间的区别。你会想到这些吗？在设计过程中有没有考虑过这一点？

萝宾·唐·格雷： 当然。这就是为什么我们喜欢制作恐怖题材的故事。就像我说的，这与共情有关，而人最容易被激发的情绪就是不适感、恐惧感以及危机感。我们一直在利用这些本能。我们想让人们时刻准备着，保持警惕。因为二维屏幕已经不存在了，所以现在他们不知道哪个方向是安全的。例如，他们感觉在沙发上不安全了，背后可能有东西。这绝对是一个非常刻意的选择。这种类型的游戏会自动利用这一点。

安德鲁·戈德斯坦： 虚拟现实会欺骗感官，因为我们增加了视觉保真度和空间音频。当你真正感到可以走向任何一个点，可以感觉到和触摸到东西时，这个全新的、不同的媒介就进入了新时代。现在，我们还只是玩玩而已。

萝宾·唐·格雷： 尽管还没有完全实现，但我们认为在虚拟现实中创造的记忆与在线性二维故事中创造的记忆截然不同。如果在虚拟现实中体验一些东西后闭上眼睛，你会真的记得天花板的高度。这让虚拟现实脱颖而出，成为一种完全不同的媒介。

安德鲁·戈德斯坦： 我们在演示中经常使用的例子是，你会在一部电影中看到关键场景，但你没法说出它发生在多大的房间里。电影应用了很多视觉技巧。你可以猜，但无法去往那里，无法亲自体验。如果是在虚拟现实中，你可以说某个地方高 3 米，因为你真的在那里。你的大脑以一种完全不同的方式进行处理，也以一种完全不同的方式存储和记忆这个场景。

约翰·布赫：　　　　持续推动游戏世界真正腾飞的因素之一是游戏的社交功能——你可以与世界各地的人一起玩游戏，并在游戏世界中建立社区。你认为虚拟现实的社交层面对叙事有多重要？会像在游戏世界中那样吗？或者我们会遇到一些真正不同的东西吗？

萝宾·唐·格雷：　　我不知道这对虚拟现实的全面成功是否重要。我认为这是一件大事，但不是成败的关键，因为许多渴望虚拟现实体验的人只想看到一些新东西，不管是否与他人一起。我认为它越融合，就会有越多的人想要在虚拟现实中获得他人的陪伴。

安德鲁·戈德斯坦：我认为这是游戏体验的方向。如果创作者开发了特别棒的社交内容，那么便能提升游戏体验。即使虚拟现实内容是为了让个人体验，这样做也仍然会非常有趣。

约翰·布赫：　　　　虚拟现实中有第一人称体验，也有第三人称体验，即作为一个房间里的观察的幽灵。你是用不同的方式处理项目的，还是采用第一人称或第三人称？

萝宾·唐·格雷：　　我们坚持用第一人称。第三人称意味着体验者是观察的幽灵。这当然很有趣，但我觉得第三人称忽略了虚拟现实的要点。我们还是更青睐第一人称，也更喜欢猜游戏玩家的真实身份。举个例子吧。我们之前提到的一个即将问世的项目中，并没有足够多的母亲角色。有很多父亲角色，但没什么母亲角色。我想让人们，特别是男性，站在完全不同的角度思考问题，在游戏里体验做母亲的感觉。这是男性玩家在现实生活中永远体验不了的角色。现在，玩家被迫面对角色的生活。他们可能会因此不得不思考如何解决各种难题。

安德鲁·戈德斯坦：人物身份是虚拟现实的核心，因为你要安排角色。你不能只是墙上的一只苍蝇，你必须确保人物身份与被讲述的故事相符。此外，你还必须小心，不要破坏游戏体验。人物角色对于激发故事情节至关重要。我真的很兴奋，因为有些游戏并没有指定玩家角色，而是让玩家通过人物成长为或变成某种角色。这种感觉会更不一样，因为你真的在那里。你不是在看一个虚拟替身，你就是这个虚拟替身本人。

3）案例研究：光帆虚拟现实
马修·西里娅和罗伯特·沃茨，管理合伙人及制片人

光帆虚拟现实（Light Sail VR）一直在创作最具创新性的内容，其作品中有一个元素高于其他元素，即故事。马修·西里娅（Matthew Celia）解释道："在我看来，自从人类出现以来，讲故事就没变过。讲故事在本质上是一个线性过程。有人会说让我开始吧，让我告诉你中间部分。故事有冲突，有人物，然后有解决方案。"光帆使用这种方法来制作虚拟空间，包括《鬼影实录》（*Paranormal Activity*）的虚拟现实版本、棒球名人堂成员雷吉·杰克逊（Reggie Jackson）的《雷吉的车库》（*Reggie's Garage*）、GoPro 的《家禽海洋》（*Fowl Seas*）——虚拟现实海盗冒险。

罗伯特·沃茨（Robert Watts）说："对我们来说，一切都是关于你是谁以及为什么正在观看的。"在光帆讲述的故事中，每一个决定都是基于存在感的，即如何在空间中存在。

"比如我在进行一场虚拟现实体验，突然觉得自己是一个人，但接着我被抬到高高的空中，我就会想我是谁，刚刚发生了什么。瞬间，我脱离了那个场景。瞬间，我觉得自己是在游戏或应用中。瞬间，我真的不在那个世界了。我在游戏中，游戏提醒着我，我在玩游戏。对我来说，这就是失去了存在感。"西里娅说。

在《鬼影实录》中，团队面临着在后期制作过程中隐藏过场动画的挑战。受阿尔弗雷德·希契科克（Alfred Hitchcock）的《夺魂锁》（*Rope*）的启发，他们把过场动画隐藏在一个与故事紧密相连的地方。"我们放置了一盏闪烁的灯，把过场动画藏在闪烁的灯光里，这样就能无缝衔接。你仍会觉得你从来没有动过，但我们已经能够给你无缝体验，并让这部分故事给你留下深刻印象。场景里有个鬼魂，鬼魂当然会让电压不稳定，这都是故事驱动的。"西里娅解释道。

沃茨表示同意："它适合这个世界。在《鬼影实录》中，摄影机在闪烁，所以我们可以用它来隐藏过场动画。"

光帆继续寻找创新的方式，将电影语言运用到故事讲述中。在讨论传统电影会用特写来建立亲密关系时，该团队发现，在虚拟现实中使用同样的套路会让观众感觉不舒服并迷失方向。让演员直接看着镜头，打破第四堵墙，从稍远的距离拍摄，实际上会产生与特写镜头相似的效果。"我们为 GoPro 做了一个项目，采用了大量的眼神交流，极大地拉近了人与场景的关系。"西里娅说。光帆在一些项目中使用旁白时也遇到了类似的问题。西里娅指出，观众有时会在作品的前几分钟寻找声音的来源，并常常因此错过关键的故事情节。

沃茨和西里娅还在继续尝试探索各种片长的虚拟现实电影的效果。沃茨说："我认为最终长度并不重要，重要的是你与屏幕上的人物有多少联系，他们的情感赌注是什么，他们正在经历什么。我们正在开发短篇系列节目，因为目前我们仍然依赖头盔。有些人可能不想一次戴超过 15 分钟，但这并不意味着你不能拍一部完整的电视剧。你仍然可以在整个系列中构建情感弧线，只需要在一开始加入一些让观众着迷的内容，就像普通的电视剧试播集一样。"

西里娅补充说："我还认为，观众在观看和消费内容的方式上已经足够成熟了。与 20 年前相比，我们现在处于一个序列化的社会。20 年前，一切都是关于故事片的。我并不是说故事片已经消亡了，而是说现在情况变了。在我看来，电视的黄金时代真的源自观众青睐剧中感情丰富的角色，并与其产生共鸣。我认为，除非我们看到更多故事，并能够与屏幕里的人物产生共鸣，否则虚拟现实的发展就还没有真的到达分水岭的时刻。"

在考虑观众如何与角色的生活和细微差别联系起来时，存在感和相关性仍然是团队在每个项目中都讨论的两大问题。剧本的制作过程和格式与传统剧本的类似，但也有几个明显的不同之处。演员在虚拟现实中总是会出现在屏幕上，因此，注意每时每刻都要让他们有事可做是一个非常有用的技巧。这类似于戏剧中使用的方法。西里娅说："在一部电影中，你可以把镜头切到朋友们在咖啡厅里的场景，不管其他人。你会暂时忘记其他人。在虚拟现实中，你不能不管其他人，因为他们仍然在屏幕上，所以你必须给他们提供进出故事的依据。这是一个非常细微且重要的差别。"

除了传统的编剧之外，沃茨认为漫画家也在虚拟现实写作上取得了成功，因为他们描述环境和构建世界的能力很强。

强大的写作能力与强大的导演才能相结合，恰如其分地描述了光帆所追求的创造性方法。西里娅解释说："这需要艺术家用强烈的观点来引导观众理解故事。它需要一个讲故事的人，而观众不能是那个人。有件事是我非常热衷于探索且一直坚信的，那就是我不认为观众可以成为故事的主角。我认为这是不可能的。观众可以成为对立角色，也可以成为旁观者，但不可以成为主角，因为观众没有什么可以抓住、识别和理解的东西。"

西里娅和沃茨很快指出，他们对虚拟现实的认识可能会随着它的发展而改变。沃茨说："总的来说，我认为人们仍在试图弄清楚虚拟现实。我想说的是，要小心那些说你能或不能做到这一点的人，因为有些人只是还没有想出如何做到这一点。在我们所做的每一件事中，我们都在尝试着探索一种新的叙事方式，并使其有效。

4）虚拟现实叙事中的视角

泰·克罗斯比，SilVR Thread 创始人兼首席执行官

泰·克罗斯比（Tai Crosby）是 SilVR Thread 的创始人兼首席执行官，专注于第一人称视角的虚拟现实技术。凭借着正在申请专利的摄像系统，SilVR Thread 为狮门影业的《玩命直播》（*Nerve*）制作了虚拟现实体验，让观众在动作场面中成为明星人物。他们会被绑在行驶着的警车后面的滑板上，以及被悬挂在纽约市两栋大楼之间的梯子上。

约翰·布赫： 为什么在虚拟现实中理解叙事很重要？

泰·克罗斯比：讲故事的基本核心是我们如何传递知识。它事关生存，是我们作为一个社会如何保持整体性的问题。看看现在，我们能传递的知识比以往任何时候都多，获取知识的机会也比以往任何时候都多。但如何将注意力集中在重要的事情上呢？如何回到经验性知识？经验性知识与在课本上学到的知识不同。如何建立智慧？在 SilVR Thread，我们能够从本质上捕捉记忆和体验，并将其包装起来，让人们再次体验，就像真实发生的那样。那是一种终极可视化工具，一个非常具体的学习场所。它当然不会消除或取代老师，老师比以前更重要。这是体验我们在现实中不会遇到的事情的方式。

约翰·布赫： 请谈谈你在虚拟现实创作中是怎样将故事和视角相结合的。对于观众来说，与戴着头盔观看故事相比，成为主角是种什么样的体验？会有什么变化？

泰·克罗斯比：我们相信变化是巨大的，这是我们公司的核心。我们的核心设计理念始于多年前我当时尚旅行摄影师时的经历。我在喜马拉雅山旅行拍照时，跟一个朋友说："哦，这太酷了。照片虽然很棒，但如果你和我在一起就好了。"照片胜过千言万语，但也还不够。你根本不知道和当地人共进晚餐是什么感觉。他们从来没有遇到过外人，他们完全脱离网络，生活在丛林中。你必须身在那里，亲手接过他们递给你的食物。

在我访问的小村庄里，妇女不能触碰食物，所以她们用脚把食物踢滑到你面前。这被认为是一种礼貌。这些只能去亲身经历，而不仅仅是看。在我看来，人们融入体验中，会改变对事情的理解。置身其中，我们会真正感受到在那种情况下作为人的感觉。从第一天起，我们就没打算制造 360 度相机。我们不是一家相机公司，我们的目标始终是捕捉人类的体验，然后重现它。

约翰·布赫：　跟我说说《玩命直播》的虚拟现实体验吧。它原本是一部故事片，叙事很传统。你的团队是如何完成这个任务的？用传统叙事创造虚拟现实体验，背后的哲学是什么？

泰·克罗斯比：我认为，目前虚拟现实的发展主要是由市场驱动的。大家都在这个领域开拓，变化也日新月异。这在很大程度上也与关键消费者群体有关，他们使得新科技的应用越来越快。回想一下，当初收音机用了十多年才流行起来，即使是手机，从最初开发到流行，也用了 7 到 10 年的时间。技术发展得越来越快。好消息是人们手中有越来越多的虚拟现实头盔，但这其实是付费演出。人们的实际支出仍然涉及许多营销材料。

它可以集中交付，直接与另一项资产挂钩。在这一点上，虚拟现实只是在推广其他产品，只是为电影赚取更多的钱而已。现在，从讲故事的角度来看，我们喜欢它，因为它使我们能够走出去，制作一些特别棒的故事。在洛杉矶，我们可以把许多电影元素应用到虚拟现实体验中，这能更快地推进虚拟现实的发展，比在世界上任何地方都快。

我们最初为《玩命直播》做了两个虚拟现实体验项目，它们都是与青少年相关的。我们飞往纽约的电影拍摄现场。在片场，我们有一个 7 人团队，一个小小的精准打击部队。特技人员在 12 层楼高的地方，把梯子架在两栋公寓的两扇窗户之间，然后把特技女演员架起来。她必须爬过梯子，而我们真实地记录了她的表演。

约翰·布赫：　就像电影里的场景一样。

泰·克罗斯比：对，就像电影里的场景一样。我们捕捉了那个场景，制作出来，做了很多幕后工作，而狮门影业也非常喜欢这个作品。他们说："嘿，这太棒了，你能在这个上面再做一个吗？在它出来之前？"我们又做了一个，就是探索在警车后面玩滑板是什么感觉。这也是一个非常棒的作品，每个人都应该尝试一下。当然，我建议在虚拟现实中体验，而不是在现实生活中。

约翰·布赫：　　好建议。

泰·克罗斯比：你看到的是伟大的电影里的精彩故事。最好的电影是当电影结束后你离开电影院时会说："我甚至没有发觉自己是在电影院里，我完全沉浸在这个故事中了。"虚拟现实只是一个新工具，它也能做到这一点。

约翰·布赫：　　我看了你们团队创作的一个作品。在这个作品中，我的身体在虚拟现实中发生了变化。一分钟前我还是个唱片节目主持人，几分钟后我就变成了另外一个人。我真的很惊讶，这没有给我带来任何问题，我很容易就能转变角色。事实上，我喜欢从这个角色过渡到那个角色。你能谈谈这背后的思考过程吗？我相信这不是偶然的。

泰·克罗斯比：试错法。在成功的道路上我们会遭遇很多失败，犯大量的错误。我们现在所做的一切都是在开拓，而我们作为一个团队所做的一切也都是在开拓。我们的技术核心之一是不断提高在现实世界中对自己身体的感知力。所有的画面都是3D的。这不是算法，而是真正的立体。我们有一些秘密武器。当环顾四周时，你会意识到这不仅仅是360度，而且是一个人的自然视野。它让玩家具身到虚拟替身中，这样头部就会很舒服，也减少了晕动的可能。我们可以用 SilVR Thread 的技术做一些其他360度相机做不到的事情，因为身体的感觉是不一样的。在你进入替身的那一刻，大脑感觉非常安全。在不同角色间跳跃是我们已经关注很久的事情，因为这一感觉是对的。

约翰·布赫：　　确实如此。

泰·克罗斯比：在往下看的一瞬间，你会觉得："哦，天啊，这太不可思议了。"在不可思议的派对场景中，如果真的具身到那个身着比基尼的漂亮女孩身上，你是什么感觉？

约翰·布赫：　　我会看到不同的场景。

泰·克罗斯比：完全正确。那时你会说："等等，这改变了游戏。"从视角出发讲述故事正是我们所做的。从定义上来讲，这就是我们正在做的事情。它将体验扩展为一个整体，因为你从多个角度看到了多个人的故事。那个人的体验是怎样的？这非常有趣。我们还有很多其他工作要做，比如动态导航。当你体验时，你不仅可以选择角度，还可以选择你想站在谁的角度来体验。我上学时最喜欢的课程之一是凝视研究——你是监视者还是被监视者？

约翰·布赫：　劳拉·马尔维（Laura Mulvey）的理论？

泰·克罗斯比：没错。从讲故事的角度来看，你如何决定观众的行为？如何影响观众的行为？在哪里给演员和其他角色赋能？现在出现了一种完全不同的具身方式，因为你具身到角色中了。你就在场景里。

约翰·布赫：　让我们展望未来，这项技术发展得非常快。虚拟现实体验正朝着我们从未经历过的主流饱和方向发展。我并不是让你去猜测未来会发生什么，而是好奇 SilVR Thread 希望将虚拟现实世界推向怎样的理想状态。你们要把船开到哪里？

泰·克罗斯比：这是个很好的问题。我们的核心一直是虚拟现实的视角。我们不仅要不断地让这成为可能，而且要努力提高体验的逼真度，还要让制作变得更容易。这样就可以发布更多内容，使观众获得更多的体验。除了获得商业利益，我们还有很多人道主义故事需要讲述。我认为，我们生活在一个两极分化最为严重的时代。我们正在和一位前领导人合作一个项目。他曾经是一个大国总统，现在他把整个生命都献给了孩子们。他成立了一个基金会，教几十万孩子学习领导力。他们称虚拟现实为共情机器。如果虚拟现实是共情机器，那么 SilVR Thread 就是通过虚拟现实视角将共情机器注入个人体验的方式。我认为它非常强大，我迫不及待地想看看伟大的艺术家、思想家和活动家能用这项技术做些什么。

5）虚拟现实叙事中的游戏设计
亚当·奥思，Three One Zero 创意总监

亚当·奥思（Adam Orth）是微软的前创意总监。他现在领导着一家独立的电子游戏和数字娱乐工作室——Three One Zero。该工作室的第一部作品《漂流》（*ADRIFT*）获得了众多奖项的提名，并被誉为虚拟现实中的顶级叙事体验之一。

约翰·布赫：跟我说说你最初是怎么对这种讲故事的方式产生兴趣的。

亚当·奥思：开发电子游戏实际上是我的第二个职业。我的第一个职业是在洛杉矶做音乐家，一个讲故事的音乐人。我是玩着电子游戏长大的，一直是一个游戏玩家。当我开始专注于开发游戏时，我找到了一份工作，为 PlayStation One 开发有关詹姆斯·邦德（James Bond）的游戏。那时候的游戏产业就像蛮荒的西部。我喜欢在工作室闲逛。起初我是一名游戏测试员，很快我就意识到我可以接触游戏开发的所有部门。我想成为一名游戏设计师，因为我喜欢讲故事，这是我创造互动故事的一种方式。

后来我在索尼找到了一份工作，参与了《战神》（God of War）的制作。然后我去了 EA，制作了《荣誉勋章》（Medal of Honor）系列。再后来我得到了一个机会，成为卢卡斯艺术的外部创意总监。我真的很想制作优秀的《星球大战》游戏。我喜欢围绕优秀角色讲述一个很棒的、有质量的、情感丰富的故事。我的工作一直换来换去。我在业内这些团队庞大、开发大型产品的公司都工作过，但实际上很难融入，因为我想要的是一些小型的、个人的、被包裹在那种熠熠生辉的 3A 级生产包装①中的产品。

离开微软后，我有了空间的想法。我觉得可以制作一个很酷的小型空间游戏，在其中加入我的一些个人经历。我像写歌一样讲故事。我想讲一些非常私人的、对我来说非常有意义的东西——我把它藏在简单的隐喻后面。当我还是一个音乐人的时候，总是希望歌曲有意义，能被大众理解。这就是我在《漂流》中讲故事的方式。我想谈论人们的日常生活，目标是希望人们能从中找到一些他们生活的影子。但在最大的层面上，我唯一的目标就是在某个地方触动人的心弦。《漂流》不是一个意义多重、生命循环的故事。我只是想让人们在体验后放下控制器，说："是的，我能理解。"

我开始思考，是不是可以用一种传统的方式来讲故事。我的确这么做了，但也有一些不太传统的支线故事，它们是相互关联的。我坐下来，想到的第一件事是，大多数游戏都是讲故事的——从 A 到 Z。你在这个过程中感受意义。电子游戏的叙事弧线是非常僵硬的，需要大量的手动操作。我不想使故事脉络显得那么清晰、整齐。《漂流》的理念其实是关于极简主义的。我们是一个小团队，时间有限，

---

① 3A 级生产包装就是指有着 3A 大作水平的外观。3A 是指时间多（A lot of time）、资源多（A lot of resources）、资金多（A lot of money）。3A 大作常指一些高成本、高体量、高质量的游戏。——译者注

预算有限，只能做这么多。

约翰·布赫：在玩《漂流》的过程中，我感到这个游戏的内里是关于孤独的。

亚当·奥思：是啊，我想让人感觉到，你不仅仅是处境不好。事实上，从已经去世的人那里听到你的所有故事，这会带来一种非常孤独的感觉。你会发现，你对这些人很重要或者不重要。在某种程度上，这几乎就像读别人的日记。你做这件事时会觉得很奇怪，它让你感觉到很多情绪。总之，我不想按照传统的方式来写这个故事。你在那种情况下是不可能经历一个完美的线性故事的。它应该会很乱，你可能只能体验到其中的 10%，因为你不会在那里逗留，闻一闻玫瑰的香味。我没有把这个故事讲得很满，而是把它当作种子，让你得到一小部分，然后让它自由生长，直到得到下一个或再下一个。我认为它在这方面是成功的。这是我真正感到骄傲的事情之一。它确实给人一种空虚的感觉，因为你开始意识到自己在某种程度上错了。每个人都知道搞砸是什么感觉，每个人都知道被排挤或不被待见是什么感觉。我想让你有那种感觉，我觉得在游戏中你能够感受到它。虽然因为我既制作游戏也玩游戏，所以对它有点不敏感，但很多人告诉我，这就是他们从中获得的感觉。

约翰·布赫：你能谈谈处理人物的方法吗？

亚当·奥思：首先，《漂流》中的每一个故事都直接来自我的生活，有些东西可能会被加以修改来适应游戏的内容。我谈论成瘾、癌症、人际关系、父母，所有那些事情。故事中的所有事情都以某种形式发生在我身上。我觉得这就是这些角色让人感觉真实的原因。

当我决定开发一款游戏时我也会说："我将打造一款完全原创的游戏，我要把一切都放到那里。"我觉得那些角色很有趣，也希望它们更有趣，因为它们在体验中并没有被完全拓展。对作为创作者的我来说，它们是有血有肉的。我编写了所有角色的生活故事，然后挑选了一些内容，将其添加到了游戏中。

约翰·布赫：我真的被你的想法吸引了。你从生活中选取人物、情境和元素，并将其融入游戏故事中。我想很多创作者都想这么做，而其中最难解决的问题是：什么时候应该忠实于现实，什么时候又不需要忠实于现实？

亚当·奥思：这是个好问题。我虽然不曾为此纠结，不过当这个问题被提出的时候，我察觉到了。我的想法是忠于角色，因为你已经把角色放在了这个梦幻般的目标场景中，而且角色越符合实际，就越逼真。这是我在创作游戏时的座右铭，即忠于角色和你想要表达的内容。不动脑筋的娱乐并没有错，但我觉得，如果我有机会和玩家对话，为什么不说点实话呢？

约翰·布赫：你能谈谈外在冲突和内在冲突的关系吗？我认为这款游戏非常棒的一点是，它存在一种与外在冲突相联系的内在冲突。

亚当·奥思：这与环境叙事有很大关系。你有一些对你不利的机制和一个有待探索的美丽世界，但这样做是有风险的，你必须下注。你知道处境很糟糕，必须摆脱，但同时整个人类的奇迹也在那里。场景被设定在地球的轨道上。在这个美丽但被破坏了的环境中，你独自生活。那种环境既是你的敌人也是你的朋友，这些是同时存在的。

约翰·布赫：为什么创作游戏时故事很重要？

亚当·奥思：因为你要让人们相信一个虚幻的东西。虽然你只使用环境或机制就可以做到，但除非拥有故事，否则就不会有一种完整的体验。有些游戏体验是在环境中四处走动，查看一些东西。这非常棒，我热爱这些游戏。但是你是想让玩家创造自己的故事，还是想给玩家讲一个故事？

我比较喜欢介于两者之间，因为互动时拥有掌控力是很重要的。我觉得，如果我要让你去攻击一条龙，你会想知道原因，我也想知道原因。当你在玩一款带有25个支线任务的游戏时，其中的角色也很重要，不能仅仅是妖怪在危害村庄。可以再深入一点，比如那个妖怪以前是我弟弟，现在却是个妖怪。这对我来说很重要。电子游戏中的角色通常都很肤浅，我不希望这种情况在虚拟现实中继续下去。现在，我认为在虚拟现实中赋予观众太多的掌控力是有风险的，因为你将失去真正指导体验的缰绳。不过松开这些缰绳，也可能正是这种体验的魅力所在。

6）总结：技术专家和制片人的洞察力

最优秀的技术专家和制片人理解叙事中的元素和方法。他们明白，技术是达到目的的一种手段，技术如果运用得出神入化，会不着痕迹。乔纳森·克鲁塞尔表示，在过去的一段时间里，观众更能捕捉到精彩故事中的奇幻元素。我们知道有一道屏障将我们与另一个世界隔开。现在的技术让观众感觉到屏幕已经消失，并完全沉浸在自己幻想的世界中。萝宾·唐·格雷认为应该尽可能将观众推向新媒介，并建议为观众呈现他们熟悉的内容。这些内容可能是熟悉的人物、观众期待遵循的规则，甚至是与他们联系密切的环境。成功的虚拟现实体验往往包含熟悉的元素和全新的、对观众来说完全陌生的元素。

罗伯特·沃茨认为，这种混合的关键在于向观众传达他们在场景中的身份，以及明确其观看的原因。他的搭档马修·西里娅认为，正是在观众开始质疑这两个概念之一的时刻，沉浸感会被打破，体验会失败。克鲁塞尔、格雷和戈德斯坦都认为，体验创造者所创造的环境在回答观众的这些问题中扮演着重要角色。环境的真实感或非真实感为用户沉浸其中提供了不同的规则。泰·克罗斯比和 SilVR Thread 的开发者专门从第一人称视角来创作虚拟现实，从某种意义上说，这让他们能够捕捉记忆，在环境中移动，然后让用户体验。其他人也提到了记忆和虚拟现实叙事之间的联系——这是一个值得进一步探索和思考的话题。

克鲁塞尔讨论了现在和未来创作虚拟现实方面的挑战。这些挑战包括用户在被迫具身到异性身上或与自己的身体不同的身体上时可能会感到的不适，以及编码世界中不断变化的技术的细微差别。在许多方面，虚拟现实故事、游戏和体验的技术制作人，都处于连接艺术叙事和科学实用性的位置，同时设法创造一种情感体验。亚当·奥思表示，在整个项目开发过程中，他最大的目标是在某个地方引起某人的共鸣，并处理自己的孤独感。虽然有时候这很难实现，但当创作者有机会创作或开发与个人情感经历或人生阅历有共鸣的项目时，产品最终似乎也具有一种其他方式无法带来的能量。

本书所采访的所有技术专家和制片人都拥有与观众分享经验的动机和驱动力，也正是这一点将大家联系了起来。泰·克罗斯比特别谈到了他攀登喜马拉雅山的经历。他想带他的朋友一起去，这样他的朋友就能看到他所看到的东西。当制片人基于明确的动机去创作时，就找到了未来创作的象征意义上的北极星。

访谈与案例研究 3：艺术家

1）虚拟现实叙事中的时尚

安杰拉·哈达德，虚拟现实艺术家和制作人

安杰拉·哈达德（Angela Haddad）是一名虚拟现实艺术家和制作人，她在虚拟现实领域的发展起步于在 One Third Blue 中用手绘艺术制作 360 度故事类动画。该工作室为包括《嘉人》（Marie Claire）在内的时尚品牌和杂志制作原创虚拟现实艺术作品。

作为 SilVR Thread 的虚拟现实制作人，安杰拉创造了第一人称视角的立体虚拟现实体验，包括捕捉人体的瞬间，以最真实的形式复制体内的人类体验。在 SilVR Thread，安杰拉参与了《玩命直播》的虚拟现实体验的制作。电影中的三个特技被重现，让粉丝得以在虚拟现实中以第一人称的视角进行体验。安杰拉曾在 2016 年洛杉矶黑客马拉松活动中担任评委并发表演讲，曾在 SXSW、WGSN、Mettle's Blog 上亮相，也是 SH//FT 和虚拟现实女性社区的活跃成员。

约翰·布赫：　　　　跟我说说你早年在艺术和技术方面的一些经历吧。

安杰拉·哈达德：我在一个非常崇尚科技的家庭中长大，父亲在科技公司工作。上了大学以后，我觉得需要做点改变，所以学习了政治经济，专注于中东地区，最后把注意力集中在黎巴嫩的弱者身上。我从小就画画，大学毕业后在技术领域工作。我意识到缺少一些东西。我爸爸总是跟我说，你需要培养一个能让你保持创造力的爱好，一个能让你赚钱的爱好，也许还有一个能让你保持健康的爱好。我觉得我失去了能让我保持创造力的爱好，于是又拿起画笔、铅笔和墨水。有一天，我在 Tumblr 上发现了一幅时尚插画。我想把它打印出来进行裱挂，但它的分辨率太低了，所以我决定自己画。从那时起，我就迷上了时尚插画。

约翰·布赫：　　　　在很多方面，时尚是另一种讲故事的方式。你能谈谈对时尚和故事心理学的一些基本看法吗？

安杰拉·哈达德：当穿某件衣服时，我们对衣服、对自己的感觉都与穿其他衣服时不同。归根结底，时尚产业卖给你的不只是衣服，还有梦想和故事。但问题是，一件衣服本身很少只是一件衣服，它通常来自一个系列，一个被创意故事激发灵感的有创意的系列。例如，在看华伦天奴（Valentino）的 2014 秋季系列时，你会发现这个系列的灵感来自希腊神话。每件衣服背后都必须有一个故事。你很少会看到一个系列在没有沉浸式环境的情况下做 T 台展示，这个环境可以把 T 台的所有元素融合起来。你会沉浸在更大的环境中，沉浸在一个故事中，衣服只是其中的一部分而已。

约翰·布赫：　　　　你在虚拟现实艺术中非常具有影响力。你的作品非常独特，而且非常女性化，是从女性角度发声的。你能谈谈女性在虚拟现实、艺术和故事领域的声音吗？

安杰拉·哈达德：我们可以回顾一下时尚艺术的历史。它最初只是为了给《时尚》（*Vogue*）杂志封面配图。最早的《时尚》杂志封面不是照片，而是时尚插画。最早的时尚插画师都是男性，而现在，顶级的时尚插画师，如梅根·赫斯（Megan Hess）、梅根·莫里森（Megan Morrison）、凯蒂·罗杰斯（Katie Rogers），都是女性。她们的作品非常棒，出类拔萃。现在，顶级时尚男性插画师很少。我认为女性的声音是很重要的。随着虚拟现实圈子的发展，我们都在做一件很棒的工作，那就是让女性参与进来，并确保女性拥有越来越多的平等机会。虚拟现实领域的女性团体非常强大，她们发出了不同的声音。

约翰·布赫：　说说你对虚拟现实的最初体验吧。它是怎么进入你的世界的？这是一段怎样的经历？

安杰拉·哈达德：我第一次是戴着 Oculus DK2 体验虚拟现实的。我哥哥把它带回家，说："你一定要试试这个。"我戴上了它，体验的第一个东西是默认演示之一的简单的房子。我记得当时我穿着高跟鞋，然后我不得不脱掉它，因为太不平衡了。这种沉浸感简直令人疯狂。在那之后，我想到的第一件事就是如果能在虚拟现实中重放记忆会怎么样。例如，在虚拟现实中记录婚礼和特殊时刻，然后重放。为此，我开始学习创作 360 度视频。我报了一门课，一直在练习，然后发布了我的第一个 360 度视频，当时是单镜头的。

我的第一个视频是在一个 360 度的空间里展示艺术插画。我把五个画架放在 360 度摄影机的周围，然后绕着这个设备走，在每个画架上画一幅时尚插画。

我发布了这个视频，然后开始思考还能做些什么。我想办法把它提升到一个新的水平。我花了两个月，用各种程序和软件来研究如何把艺术整合到 360 度视频中。我不想只是做动画，还想做 360 度动画。做得越多，我就越明白如何更容易地构建环境。最终我想，好吧，这些动画必须讲故事。所以，现在我的每个视频都是一个真正有凝聚力的故事，不只是让角色在软件程序中跑来跑去。

约翰·布赫：　你能谈谈在这个过程中学到的一些东西吗？

安杰拉·哈达德：在我的作品中，最关键的是触发点。是什么让人们环顾四周，旋转180度去看我要给他们看的另一个东西？一开始，这对我来说真的很难理解。例如，我的第一个360度视频是实景拍摄的。我在相机周围画画，我想让人们很容易理解，我将在某个特定的画架上停下来，然后向左移动。我在周围画上箭头来引导观众。对我来说，第一次是一个不错的尝试，但还不够有趣。当我在360度视频中创作艺术时，我不想要一些像箭头的东西。每当我想让人四处看看的时候，我都确保这是故事的一部分。举个例子，我的口红四处飞舞，绕着墙飞来飞去，而口红的用处是把墙上的插画涂成不同颜色。这就是故事的一部分。

在《嘉人》杂志上的一篇文章中，他们想让我为三位夏季封面女郎——塞莱娜·戈麦斯（Selena Gomez）、布莱克·莱夫莉（Blake Lively）和埃米·舒默（Amy Schumer）绘制插画。我所做的就是在360度视频中，把这些女孩画在她们自己的场景中。从360度的角度看，衔接点就是桌子在不同场景之间的移动。桌子是同一张桌子，但在每一组图中，桌子上都摆放着不同的东西。环顾四周，在第一组图中，桌子上摆放着鲜花。在第二组图中，同一张桌子上摆放着不同的物件。这就是让人环顾四周的触发点。我想说，这适用于几乎所有的360度体验。例如，在实景体验中，最常见的触发点是音频提示，这就是3D音频的用武之地。

约翰·布赫：你是如何想出像桌子这样的触发点的？你是通过开展头脑风暴，还是通过和别人交流，抑或是自己写出来的？请谈谈这个过程。

安杰拉·哈达德：通常情况下，更重要的故事先发生。例如，在《嘉人》杂志上的那篇文章中，他们给我的主题是三位夏季封面女郎。我做了不同的尝试。当我在360度空间内建造三组场景时，问题出现了。我想说的是，这通常是故事板的四分之一，它与动画制作过程同步进行。每个场景的故事是什么？动画从哪里开始？当弄清楚这是塞莱娜需要做的，那是布莱克需要做的，那是埃米需要做的时，桌子的想法就产生了。我认为这通常是故事板的四分之一。对几乎每个项目来说，这都是一个非常关键的点，所以在开始的时候就必须把它做好。它还与观众期望看到的东西相辅相成。你想让他们只看180度吗？或者你想充分利用360度的优势吗？是的，一切都是关于故事的。

约翰·布赫： 让我们聊聊增强现实。有些人最初是通过增强现实体验接触虚拟现实的。

安杰拉·哈达德：我认为增强现实比虚拟现实要走的路还长。增强现实在时尚界有很多用途，尤其是在零售店。例如，你在买衣服时，不用进试衣间，就能在增强现实中看到衣服穿在你身上是什么样子的。

约翰·布赫： 我们再来谈谈未来。在虚拟现实领域，有很多人认为，最终我们可以摆脱头盔，而是戴着隐形眼镜或者靠一个芯片或其他东西进行体验。你认为为人们创造一种完全沉浸的体验有什么优缺点？这会带来问题吗？我们是否会让玩家永远不想离开沉浸式环境？请谈谈你对虚拟现实的未来的看法。

安杰拉·哈达德：不管我怎么想，社会都已经为此做好了准备。我认为，十年前在虚拟现实技术试图突破时，社会还没有准备好，因为当时我们还没有24小时沉浸在智能手机中。现在，社会已经为技术做好了准备。我们能够完全沉浸其中，甚至可以彻底脱离现实。我认为这是不可避免的。

约翰·布赫： 当我们应用技术时，为什么故事很重要？

安杰拉·哈达德：我认为这是与人建立联系的唯一方式，是与人产生共鸣的唯一途径。如果没有故事，那你在分享什么？假如只是分享录音片段，人们不会对它爱不释手，也不会感到难忘。我认为，如果想创造真正的记忆，就必须讲故事，特别是当我们谈论虚拟现实的时候。如果你把人直接扔进虚拟现实里，也许有很多很酷的效果，也许有很多视觉上有趣的东西，但是如果没有一个有凝聚力的故事，那么一年、两年、五年甚至十年后，人们很难记住他们看了什么。

2）沉浸式叙事
安妮·莱塞，沉浸式戏剧导演，《认识你》《（A）8号公寓》《（B）理发店》

安妮·莱塞（Annie Lesser）是一位作家、导演、诗人和摄影师。她被认为是洛杉矶沉浸式戏剧体验的顶级创作者之一。她的作品获得了《洛杉矶周刊》、好莱坞艺穗节和国家艺术发展基金会的认可。她的几个沉浸式戏剧作品正在被开发虚拟现实版。

约翰·布赫：请介绍一下你的创意之路。

安妮·莱塞：从很小的时候起，我就一直在为父母制作短剧和表演。我喜欢玩角色扮演游戏，写了很多诗，做了所有我能做的有创意的事。9岁时，我说："有一天我要成为一个大编剧。"你知道吧，人们看到掉下来的睫毛，会吹走它，然后许个愿。我许的愿望是成为世界上最伟大的编剧。这是一种习惯的力量，我甚至都没仔细思考过。上高中时，我开始进行更多的戏剧创作。我写过学生戏剧，参加过一些戏剧节。我写过很多大满贯诗（slam poetry），和学校的团队一起在"芝加哥比炸弹更响亮"诗歌大赛中入围，并赢得了其他一些诗歌奖项。我是国家艺术发展基金会的优秀诗人，也是伊利诺伊州的优秀诗人。我在大学里上过一门互动课。学期末时，我们小组把雷蒙德·钱德勒（Raymond Chandler）的《夜长梦多》（*The Big Sleep*）做了初排改编。我从纽约大学毕业时获得了优秀电视写作奖，并且我的两个剧目参加了电影节。所以，我很忙。之后我来到了洛杉矶，进入这个行业后遇到了很多困难，所以我成了一名自由摄影师。这给了我更多的自由度和灵活度进行写作及创作。我一直想做一些交互式戏剧，所以开始创作《认识你》（*Getting to Know You*）。该剧由8名观众和8名演员参演。

约翰·布赫：你以前见过其他人做交互式戏剧吗？

安妮·莱塞：我从小就很喜欢俗套的餐馆剧院。我的成人礼是在谋杀悬疑剧院举办的。我一直都是米克·内皮尔（Mick Napier）的拥趸，他总是告诉我一些很好玩儿的事情。米克·内皮尔是"噪声打手"（the Noise Beater）的创始人。他是个很棒的即兴喜剧演员，与埃米·塞达里斯（Amy Sedaris）、斯蒂芬·科尔伯特（Stephen Colbert）和保罗·迪奈罗（Paul Dinello）共同执导了《53号公路》（*Highway 53*）。我在纽约歌德学院看了《萨沃伊酒店》（*Hotel Savoy*）。我喜欢在那里和演员们自由地相处，并试图与他们交谈，很少受到现实世界的影响。我想创造出这样的东西，让人们产生同样的感受。我想创造一些让人们发问的东西。"那个人真的在挑逗我吗？""那个人真的被我说的话惹恼了吗？"我想创造这样的时刻。没错，我看过《不眠之夜》、《坠落的爱丽丝》。我在洛杉矶看到了一些东西，看过两个不同版本的《妄想》（*Delusion*）。我当时的想法是"我想创造一些东西，让人们感受到我在看《萨沃伊酒店》时的那种感觉"。因为那种感觉太棒了，所以我想创造那种感觉，想创造一些让人们自我反省的东西。

约翰·布赫：在《（A）8号公寓》中，你从剧院搬到了真正的公寓。你能谈谈把人们带入沉浸式空间的想法吗？这和在普通剧院里表演有什么不同？

安妮·莱塞：当做《（A）8号公寓》的时候，我只是想在我的公寓里创造点东西，因为我已经可以进去住了。它给了我更多的自由。做什么、什么时候排练、什么时候和演员一起工作，都是我能决定的。我脑子里有个幻象，知道什么能唤起我的情感反应。我会把观众经历的先体验一遍，扮演不同的最坏情况下的观众，然后看看演员会有什么反应。我总是担心脑子里的想法和实际做的事情不一样，所以只能希望并祈祷人们能理解。因为人们可能会说"这没有意义"或"这真的很做作"。

我从让我有感觉的东西开始，从金块开始，从浴缸里一个满身是血的尸体开始，然后把它写出来。我进入空间，因为我为空间而写，然后添加元素。现在要面对的事实是我不相信很多人。我想围绕着信任进行创作，以及探究其他人如何像上帝那样控制我们的生活。让我们这样做吧。我真的很相信卡尔·荣格和集体无意识。人们对某些刺激有类似的情绪反应，我想试着挖掘这一点。

约翰·布赫：虚拟现实的沉浸式体验中最流行的一个词就是赋予观众掌控力。因此，根据你的经验，在不同的体验中，观众是否会有不同类型的掌控力？在［（B）理发店》（（B）arbershop］中，似乎观众拥有最大的掌控力。在《（A）8号公寓》中，观众的掌控力则完全不同。

安妮·莱塞：掌控力是内在的感觉。人们的反应各不相同，我尝试用我所有的作品，创建出内在掌控力，而不是外在掌控力。我要把他们放在一个值得信任的环境中，把艺术创作交给他们，而他们也相信自己正被保护着。我还觉得，如果工作做得足够好，就能与观众和演员建立一种亲密感和信任感。观众应该觉得这是真实的，应该会和周围的演员有某种情感上的联系。我觉得95%的观众会做他们应该做的事。

约翰·布赫：许多观众习惯于看演出而不介入其中。你要如何引导观众？如何在不强迫他们的情况下引入这种权力？

安妮·莱塞：如果人们不知道发生了什么事，就会觉得很难受。或者，即使清楚地知道发生了什么，也有人想以一种作品并不支持的方式来掌控。我试图让演员们向观众即时提问，以此建立基调。演员们可能会有一段不到一分钟的独白，然后向观众提问，并通过精准的提问引导观众。在《(A)8号公寓》的开场介绍中，我们告诉观众可以有自己的感受。观众既可以感受所扮演角色的感受，也可以借鉴自己的经验。我觉得我在努力做一些让观众能够立马参与进来的事情。

约翰·布赫：在虚拟现实中，人们试图理解的一件事与摄影机有关。此前，我们能够使用电影语言，如特写镜头，把视角强加给观众。作为一个摄影师，同时也是一个沉浸式空间的创作者，你能谈谈这两者之间的关系吗？

安妮·莱塞：强加的视角来自演员和语言。我并不是强迫观众去注意某个特定的地方，而是强迫他们去注意某个特定的概念。这更像是确保这个特定的概念贯穿始终。在《(B)理发店》中，我们播放着背景音乐——《单身汉的玫瑰花会》(*The Bachelor's Rose Ceremony*)，以及《单身汉公寓》(*Bachelor Pad*)和《单身汉在天堂》(*Bachelor in Paradise*)。观众平常甚至都注意不到这些东西，但它们就在那里。这些背景音乐呼应了正在发生的事情。我们选好位置——观众站立的地方，然后播放它们。我们奠定了整个空间的基调。观众掌控着空间，让一切都努力符合自己想要的主题。同样地，如果观众读小说，会有象征主义和潜台词。观众会试着去创造一个有象征意义、有潜台词、有思想的完整空间。

观众只是试着去创造一个完整的空间。在这个空间里，演员足够投入，从而可以一直吸引着观众的注意力。在突然有人敲门时，观众可以选择关注进入空间的新观众，也可以选择关注演员。观众注重的是这种动态感受。在《(A)8号公寓》中，观众可以看任何地方，可以把目光从演员凯特身上移开，不看她，但她说的话能让人感受到她的存在。当第一次睁开眼睛的时候，观众会想："我明白了，这里有一具尸体，这是浴室。"我们事先会播放音频介绍，为相关体验做准备。观众会听到一些东西，然后进入空间。在摘下眼罩和耳机之前，观众需要沉思片刻，为自我内化做好准备。现在观众在这个空间内，以自己喜欢的方式与空间进行互动。我在这个空间内放置了所有东西，希望这些东西能融合起来，引发某种情绪反应。我认为这也是 ABC 项目的有趣之处。我在寻找这些空间，使其适合于此。我会为这个空间写一篇戏剧，这是利用这个空间的最佳方式。我通过向空间中添加东西进行创作，并引发情绪反应。同时，我也会尽可能地使用这个空间里的所有东西。

3）案例分析：Jaunt 工作室和《隐形》虚拟现实系列

道格·利曼，导演，《谍影重重》《明日边缘》《全职浪子》

梅莉萨·沃勒克，编剧，《达拉斯买家俱乐部》《白雪公主之魔镜魔镜》

格兰特·安德森，工作室主管

汤姆·万斯，内容主管

乔治·克利夫科夫，首席执行官兼总裁

Jaunt 工作室创建于 2013 年。当时，一位创始人刚从锡安国家公园旅行归来，他希望自己可以随时去任何地方短途旅行。该工作室专注于逼真的电影内容，创作了规模最大、预算最高的虚拟现实体验项目。Jaunt 工作室与保罗·麦卡特尼（Paul McCartney）和迪士尼等合作，专注于开发与网络电视和电影公司的制作质量相匹配的故事。工作室负责人格兰特·安德森（Grant Anderson）解释说，工作室的模式主要分为四个部分：叙事、运动、音乐和旅行 / 冒险。"我们从一开始就尝试了广泛的内容，创作了各种类型的体验，之后发现叙事才是人们想要看到的。无论是体育、音乐，还是旅游，都是如此。因为我们处在虚拟现实的初期，所以能体验的很多，也很有趣。这是我们第一次在虚拟现实中进行体验。即使是在那些类型中，我们也需要故事，它会让事情变得有趣。"他说："我们真的很想拓展叙事，给虚拟现实带来更震撼的故事。"

Jaunt 工作室认为，要想在虚拟现实市场取得巨大成功，就必须结合电影、游戏和互动影院的元素，通过不断发掘虚拟现实的特有元素来讲述故事。"我们就是要将所有元素结合在一起创造惊人的体验。二十年来，电子游戏一直在尝试这样做。我们要如何讲述一个让观众有掌控感的、满意的故事？这是一个非常有趣的问题，也是虚拟现实吸引我的原因，因为我是个游戏玩家。我曾在 3D 领域工作，也从事过视觉效果方面的工作，还在电影制作部门工作过。虚拟现实融合了所有这些元素，成为令人激动的挑战。我们要如何讲述这些激动人心的故事，让人有真切的感受？这将是体验叙事的未来之路，它与线性叙事所展现的不太一样。"安德森说。

Jaunt 工作室认识到了电影传统给虚拟现实带来的价值，因此对紧凑的叙事、三幕式结构、强大的角色塑造和五彩缤纷的世界特别感兴趣——所有这些都是电影叙事的主要元素。他们一直在寻找能够在非线性叙事环境中使用这些元素并进行创作的作家。

道格·利曼（Doug Liman）是与 Jaunt 工作室合作的故事讲述者之一。从独立邪典电影① 《全职浪子》（*Swingers*）到动作片《谍影重重》（*The Bourne Identity*）和《明日边缘》（*Edge of Tomorrow*），利曼执导过一些票房大卖的影片。他与 Jaunt 工作室合作的第一个项目是由五部分组成的虚拟现实系列，名为"隐形"。利曼请了梅莉萨·沃勒克（Melissa Wallack）做编剧，她因《达拉斯买家俱乐部》（*Dallas Buyers Club*）获得过奥斯卡提名。

内容主管汤姆·万斯（Tom Vance）解释说，Jaunt 工作室和道格·利曼之间的工作关系是一种真正的创造性伙伴关系。"道格之所以如此出色，以及之所以成为最杰出的合作伙伴，是因为他愿意接受挑战。他的《谍影重重》试图颠覆和重塑故事片，《明日边缘》则是雄心勃勃的独立原创科幻电影。道格为我们带来了很多东西。"他说。

Jaunt 工作室首席执行官兼总裁乔治·克利夫科夫（George Kliavkoff）对此表示赞同。"在实拍和剪辑流程方面，道格的独树一帜令人难以置信。在我们找到这个故事之前，整个过程都像是富有生命力的纪录片。我们知道进入制作阶段的故事是什么，剧本已经准备好了，这个故事就是最终出现在剧中的故事。为了做好执行工作，我们把整部剧放在一起，拆开了好几次，然后才真正感觉到，戴着头盔时，我们就是按照剧本做的。这一过程本身就令人惊讶。"

当 Jaunt 工作室听说道格·利曼自己一直在做虚拟现实实验时，他们对他产生了兴趣。这个团队更想在擅长的领域工作。万斯更愿意制作大众喜闻乐见的全球性商业片。"我认为我们的观众有 45% 来自世界各地，因此没有考虑为特定地区的观众开发内容。当然会有迎合某个地区的作品，但凭借高概念和大制作，我们希望打造一些卖座的商业大片。我们要问的是：谁是具有国际影响力的角色？最乐于尝试虚拟现实系列大制作的有眼光的中国巨星是谁？如何把这些人聚集起来，创造出一个不是针对北美或欧洲观众，而是面向全球观众的作品？这是我们今天考虑的事情，因为观众已经是全球性的了。"他说道。

Jaunt 工作室正在展望未来，努力在即将到来的项目中融入社交虚拟现实叙事策略。"这连接了电影虚拟现实空间和游戏虚拟现实空间。和你的朋友们一起出演电影将是未来叙事的一种方式，我们想要走在这一领域的最前沿。"

---

① 邪典电影指某种在小圈子内被支持者喜爱及推崇的电影，一般拍摄手法独特，题材诡异，剑走偏锋，风格异常，带有强烈的个人观点，富有争议性，制作成本低，不以市场为主导。

4）虚拟现实叙事中的艺术家视角

马克·科德尔·霍姆斯，皮克斯艺术总监

马克·科德尔·霍姆斯（Mark Cordell Holmes）从事艺术指导和视觉故事讲述工作已有25年，创造了一些原创叙事、互动和虚拟现实体验。他的大部分工作都是在皮克斯完成的，包括《虫虫危机》（*A Bug's Life*）、《怪兽公司》（*Monsters Inc.*）、《超人总动员》（*The Incredibles*）、《美食总动员》（*Ratatouille*）、《机器人总动员》（*WALL·E*）、《玩具总动员2》（*Toy Story 2*）、《玩具总动员3》（*Toy Story 3*）、《赛车总动员2》（*Cars 2*）、《勇敢传说》（*Brave*）。

约翰·布赫：	你能谈谈你的虚拟现实叙事哲学吗？
马克·科德尔·霍姆斯：	虚拟现实有趣的地方在于，它融合了不同的叙事原则。这是一种观察事物的新方式，因此任何一个团队所能带来的价值都是有限的。我们必须有一种全新的艺术形式或讲故事的形式，它将是这些东西的组合。在某种程度上，虚拟现实是一种尚未被定义的组合。
约翰·布赫：	这正是我喜欢这本书的地方。它结合了所有学科，想弄清楚在这一领域中讲故事是什么样子的。
马克·科德尔·霍姆斯：	我可以跟你分享一下，我是如何在叙事和互动环境中，通过情感故事将设计应用到传统的视觉故事叙述中的，尽管我在这方面经验较少。虚拟现实绝对是一个融合了叙事、互动和沉浸式体验的东西。我发现有些人单纯从叙事角度或互动角度来创作虚拟现实，但都不尽如人意。我感兴趣于两者之间的差异，我想这就是"甜点"。
约翰·布赫：	跟我说说你的背景。是什么让你有了今天的成就？
马克·科德尔·霍姆斯：	我花了一些时间来思考这个问题。确切地说，我在高中和大学就开始了职业生涯。我喜欢阅读，是一个忠实的读者。我喜欢科幻小说，也喜欢幻想。我是个超级电影迷，很早就爱上了故事。大概六年级的时候，我和一些朋友偶然接触到角色扮演游戏。而我真正喜欢的是动态故事叙述，我就是喜欢那种创造世界、人物和各种可能性的理念，它就像我探索故事的工具。这对我来说比游戏机制本身更有趣。

我还是个贪婪的漫画读者，喜欢早期的动漫作品。我一直以各种各样的形式来阅读故事。高中时我想当漫画家，甚至带着我的作品集去参加漫画大会，但我又总是退缩，不给任何人看任何东西。这是个幻想，我会做但不知道怎么以此为生。它更像是一个副业。我不知道长大后该做什么。我的妈妈很实际，她想让我去做会计。进入大学后，当我看到课程目录时，我觉得能学会这些东西已实属不易，更不用说在这个领域工作了。

我不喜欢上学，不是个好学生，但第一周，我找到了一份带薪的平面设计工作。我必须学会如何使用 Mac 电脑。从此以后，我开始掌握有竞争力的技能。最后我辍学了，因为我决定在工作中学习，在职业生涯中学习。我发现，相较于考试不及格或考低分，被解雇的风险更能让我充满动力。跟着时代的洪流，我进入硅谷。没有多少人接受过电脑或软件方面的培训。幸运的是，我具备足够多的知识。我不仅有绘图技能，而且有足够的软件知识来赢得竞争并找到工作。然后我跳来跳去，一直努力寻找一份涉及创造人物、世界、奇妙环境的工作，或者说对我而言更有趣的工作。我本身并不是一个真正的游戏玩家，但这就像早期的角色扮演游戏一样，我沉浸在自己的世界中，并将这些幻想可视化。

同样地，我只是足够幸运，总有机会。就在《玩具总动员》上映之前，我在皮克斯找到了一份工作，与他们的商业团队合作。我甚至不知道他们做的是一部动画片，还以为他们在做广告呢。我在后台办公室和几个人一起工作，根本没意识到"仓库"里面都是动画师和技术指导。电影上映后不久，我被拉进了故事组。皮克斯的工作对我来说更充实，因为我真的很喜欢故事。在大学里，我想成为一名电影制片人或编剧。

皮克斯无疑使我离自己想做的事情又近了一步。我真的很想成为一名故事艺术家，也特别想写故事。几年中，我上了一些故事课，有一位写作导师。我想成为一个更好的艺术家和作家，希望在视觉环境中以不同的方式丰富故事。在此之前，我专注于细节制作。如何让事物运转？如何设计一个环境让角色能够穿过门并且适应动作、故事板和其他所有的东西？

然后是艺术指导和制作设计。我不仅要负责电影的视觉呈现，还要使其与故事相呼应。这对我来说真的很神奇。它开始给我一种真正的成就感。我以一种非常有意义的方式为故事做出了贡献。我在皮克斯待了足够长的时间，但没有以我想要的方式成长。之后我创办了一家游戏公司，把从皮克斯学到的东西应用到了电脑游戏的交互体验中。我已经离开游戏 16 年了，这就像是重新开始，但是用一种全新的视角去看待它。我不能以完全一对一的方式来映射技术之间的学习过程，但有些地方确实可以相互借用，有些地方虽然不适用但也引导着我去思考。在电影中，我们会更多地使用摄影机；在虚拟现实中，镜头不怎么受控，全凭玩家自己探索。在不依赖组合的情况下，如何创造可能性或进行沟通？

这绝对是一个很好的学习过程。不幸的是，在推出一款游戏后，我们的发行商改变了战略，最终放弃了包括我们在内的开发者。作为一个初创公司，我们没有任何其他经济支持，所以不得不解散了。我当时非常兴奋，非常想进入虚拟现实领域，因为它看起来像是一个完美的实验室。我们如何将拥有的所有假设、技术、叙事和对不同学科的学习结合在一起，形成一个新的组合？我想用一种全新的方式创造一种完全独特的沉浸式体验。

约翰·布赫：	游戏理论在哪里适用？叙事理论在哪里重叠？我们如何区分它们？
马克·科德尔·霍姆斯：	就沉浸式娱乐而言，我看到人们从不同角度来看待它。谷歌试图将传统的叙事体验重新应用到他们的媒介中，当然这也伴随着一系列挑战。他们制作的每一部电影都展现了不同的方法、经验和教训。这些尝试都很棒。

有些人依赖于新奇感。看过几次之后，你会发现，没有

什么实质性的吸引人的东西让你想回过头再看一遍。有些人用游戏的方法制作了第一人称射击游戏体验，这似乎是适用这种媒介的方式。但对我来说，这并不是推动媒介发展的事情，也不是以一种不同于其他体验的方式利用媒介的事情。这几乎就像戴着立体眼镜看电影一样，它只是给你一种沉浸感，但不能从根本上改变游戏体验。

我很讨厌头盔，它看起来很傻，也让人感觉很孤单，好像你必须有一个巨大的空间，然后越过重重障碍才能进入体验。对我来说，这是一件很扫兴的事，而且我很容易晕车。不同的人在尝试之后会有不同的发现，但是最终想要成功，还是需要依靠精心的制作。

约翰·布赫： 有人认为虚拟现实有两种哲学流派，一种是作为第三人称的观察者，另一种是作为第一人称的射击者。你认为这些是针对不同类型的人，还是不同类型的人会被其中一种吸引？你认为最终会有一种形式胜出吗？你对虚拟现实未来的发展有什么想法？

马克·科德尔·霍姆斯： 我的直觉是，将会出现更多种类的体验，这些是我们现在的参照点，比如第三人称射击游戏、第三人称观察性叙事体验。你仍然拥有自上而下的虚拟现实体验。对于人们体验的方式，你会有相同的参照点。这些体验可能会在某种程度上发生变化。我认为有些人会比其他人更成功，因为他们可能会比其他人更适应这个媒介。这将是一个自然选择的过程。某些事物将战胜其他事物，因为它们更吸引人，更令人满意，或者更有成效。

约翰·布赫： 谈到虚拟现实，很多人常说的一个词是"共情"。你与皮克斯深入合作过，这家公司在讲故事的共情方面占据了市场的主导地位。显然，你是一个懂得如何从不同经历中传达共鸣的人。你能谈谈共情吗？它在过去和在虚拟现实中发挥作用的方式是一样的吗？

马克·科德尔·霍姆斯： 这很有趣。我的猜想是，用不同的方法来创作，但也可能不是。从皮克斯的角度来看，他们是在制作故事，是叙事性的故事。这实际上是一个相当长的过程。写作中有共情，故事板中也有共情，这是一个迭代的过程。在某种程度上，这就像作家，一个讲故事的人，自身与角色（或者人性）在某种程度上融合到一起。无论是个人的直接体验，还是将自己的共情带到角色中，他们都必须热爱角色。

我认为皮克斯的故事与其他不能引发共情或没那么成功的故事的区别在于，皮克斯有意识地让故事的迭代过程持续到最后。如果有时间做出改变，能让事情变得更好，他们就一定会去做。当然，这成本很高，而且很多人会因为干不下去而放弃。

当观众让角色按照自己的节奏前进或相互碰撞并且有了相互冲突的目标和障碍时，就会开始了解角色，并改变对它们的看法，然后进入故事中。观众只有相信这个过程，放弃先入之见，才能进入故事中。观众只有把所有碎片都集中在一起，才能理解故事的背景。和一个角色相处足够久之后，观众会从不同的维度去了解他们，甚至感到惊讶——作为创作者的观众开始对角色感到惊讶，这几乎是一种无意识的事情。

我认为皮克斯达到了这样的一种境界。他们拥有所有背景，与角色相处的时间也足够长，角色会在进化到最后时才展示出真正的样子。很多其他工作室，他们所做的就是尽早锁定剧本，一旦确定剧本就开拍。他们不允许自己花时间和角色待在一起，不让角色自我发展，不给角色进化的空间，因此无法给自己惊喜。这样做的结果是，他们生产出了更便宜的电影、利润更高的电影，但角色可能并不具备人性和深度，因而无法历久弥新，受一代代人的喜爱。我认为这种共情来自角色的可信程度和其他维度，当然也来自角色的缺陷和脆弱。我们还可以做很多其他事情来让一个角色讨喜。我觉得这里面包含很多重要的因素。

约翰·布赫：　　回顾早期的电影，看到那时的电影人犯的错误时，我觉得很有趣。在这一点上，你的直觉想法是什么？人们通过虚拟现实观看交互式或沉浸式故事时想要避免什么？

马克·科德尔·霍姆斯：如果我理解得正确的话，你说的是讲故事的早期过程中出现的错误，以及叙事制作的历史。我想说的第一件事是，真的不存在错误。我会讲一个容易理解的例子。早期电影制作的标志性作品之一是《火车大劫案》（*The Great Train Robbery*）。在把电影这种媒介推向主流这一点上，它起了很大作用。人们都从椅子上跑开了，因为他们以为火车正朝他们开来。现在回头看，你会想，天啊，真是白痴。这看起来很幼稚，因为你看到的是刚诞生的新事物，它也是在用媒介做实验。这是一种全新的媒介，没有规则，像婴儿一样蹒跚，摔倒了又爬起来。有些人以不同的方式迈出了第一步，他们也会摔倒。最终，随着集体学习的出现，每一代的故事讲述者或电影制作人都会把有用的片段拼凑起来。他们会在犯错的同时带来自己学到的新知识。

我觉得现在的虚拟现实就像在制造一辆冲向观众的火车，这也是我们在做的。在某种程度上，这一切都是新奇的。回头看看不久前出现的3D动画，只是一些俗气的、粗制滥造的东西，引人发笑，但它们却是里程碑，指引着未来发展的方向。有个叫约翰·拉西特（John Lassiter）的人，他的工作是制作文本演示，但他没有做文本演示，而是制作了一个关于灯（或者关于蜜蜂叮人脸）的故事。他超越了技术的新颖性或媒介的新颖性，赋予艺术表达以意义，然后使其以一种与人们息息相关的方式变得强大。你可能会看着一个闪亮的球说"真棒"，然后很快忘记它。你会说："我要拿它做什么？"如果你想到让小灯在球上跳动，那么人们就会记住，接着就会关心这种媒介。每个人都认为自己知道自己在做什么，从某种程度上来说他们也做了，但这是一个全新的领域，我们应该带给人们各种东西或促使人们尝试各种东西。希望在5年、10年后，就我所知，也有可能是在3个月后，在某个时刻，会有足够多卓有成效的方法和人们的反馈联系起来。

老实说，我们暂时还不知道，因为还没有大规模采用这种技术，而且进入市场仍有许多障碍。但我认为，随着时间的推移，我们会发现一些现在都无法预料的、从未有过的东西。在第一次使用这种媒介时，我们大吃一惊。我们想把它发展成一种艺术形式或新的叙事形式，也许只是一些超乎想象的、完全不同的应用，使之成为新型互联网或新的叙事方式。无论如何，这是一个非常令人兴奋的想法，我们现在正朝着目标迈进。

5）总结：艺术家们的见解

拥有相关领域经验的人一直是虚拟现实叙事领域的重要贡献者。在各自领域中的对沉浸式理论有一定了解的艺术家可以向虚拟现实创作者传授成功的经验和失败的教训，并亲自创作出重要的虚拟现实作品。安杰拉·哈达德的时尚和设计背景有助于她思考虚拟现实新的表达方式。安妮·莱塞通过沉浸式戏剧打动观众的作品是她在虚拟现实、增强现实和混合现实中着手工作的基础。当然，马克·科德尔·霍姆斯在动画方面的才能为他创造数字角色与虚拟现实中的观众的交互体验架起了自然的桥梁。所有这些艺术家都有一个共同的特点：拥有用艺术元素影响观众情绪的天赋。哈达德称这些元素为触发点。在她的作品中，这些元素会让观众转头，朝着她想要观众看的方向看。

各种媒介的艺术家，尤其是虚拟现实空间的艺术家，都必须熟悉自己所使用的工具，以调动观众的情绪和体验。Jaunt 工作室之所以选择与道格·利曼合作，是因为他有能力在广阔的情感空间——从喜剧时刻到令人窒息的悬念——中打动观众。Jaunt 工作室超越了传统的电影工作室模式，既创造了生产产品的技术，也发展了在沉浸式空间中讲故事的才能和理解力。同样，在自己的领域，莱塞对演员与观众互动的位置也非常谨慎。她意识到空间本身就是创作者必须巧妙使用的工具。利曼在《隐形》中展示了他对空间的平行理解，将摄影机放置在与传统电影摄影不同的位置和角度。他的画布已经改变，因此改变使用工具的方式变得很重要。莱塞利用艺术作品的位置来讲述环境故事，并且从不放过任何让房间里的物体发挥作用的机会。第 4 章所讨论的沉浸式空间的叙事原则解读了这些艺术家接近沉浸式空间的方式。

霍姆斯将虚拟现实的艺术性比作早期的电影制作。虚拟现实作为新奇的东西，尚未突破媒介的边界。这确实需要时间。在本书中，大多数创作者都强调了虚拟现实实验和冒险的重要性，并认识到这是推动媒介不断向前发展的唯一途径。可以说，由于缺乏商业机会，电影行业作为一种媒介的发展速度已经放缓。电影将艺术的边界向前推进，却不能提升观众的体验。莱塞提到了象征主义、潜台词和主题探索的重要性，这些都是推动媒介与技术共同发展的方式。很多时候，这些方式之所以更容易被观众接受，是因为它们让人们在尝试理解新体验的同时有了抓手。哈达德在她的工作中采用了类似的方式。许多实验性电影都会使用传统电影的基本元素，以便让观众建立某种熟悉感。值得铭记的是，观众的体验永远是最重要的，这一直是创作虚拟现实故事的指导原则。

访谈与案例研究 4：梦想家

1）虚拟现实叙事中的"世界"构建
拉里·罗森塔尔，虚拟现实先驱和制作人

拉里·罗森塔尔（Larry Rosenthal）是虚拟现实行业的资深人士，自 20 世纪 80 年代末以来就在该领域工作。目前，他拥有 Cube3 公司。这是一家专注于构建虚拟世界和体验的公司。

约翰·布赫：　　　　虚拟现实中的世界构建对你来说意味着什么？

拉里·罗森塔尔：在当今世界，这是一个有趣的概念，因为现在每个人都知道它的含义。这是一个热门话题。有点像漫威宇宙的某些属性，真正构建世界的资金目前已经到位。从某种意义上说，人们对它的称谓也从虚拟现实到虚拟世界又回到虚拟现实。我在 1995 年组织了一次名为"场面而非页面"（Places not Pages）的研讨会。我想让人们明白，虚拟世界不仅仅是几个主页，而且是一些社交场所。之前，每个人都想在互联网上发布东西，但没人知道这是一种通过屏幕建立的虚拟现实空间关系。

构建世界是一种媒介化的过程。这里有自然，有树、天空、地面，有住在山洞里的男人。当他走出山洞时，会被淋湿。你在他头上放东西，让他回到洞中，把湿手放在墙上，这就是将世界媒介化的一种方式。这就是我们人类所做的。对我们而言，构建世界就是将自然世界媒介化。上帝作为世界建设者的本质取决于信仰，也设置了将我们卷入其中的每一件事。对我来说，构建世界意味着为世界设置一个界面。在这个界面上我们可以做各种各样的事情，如推销议程，或娱乐、教学和学习。这是一种建模的方式。

约翰·布赫：　有很多人说虚拟现实是终极共情机器。为什么这可能是不对的呢？

拉里·罗森塔尔：　因为它是终极情绪调解器，而不是共情调解器。这是一个情感机器，但共情取决于观众自己。昨天有人在推特上发表了同样的观点，说共情就是你可能会感到同情的东西，但是看看实际上你做了什么。毫无疑问，虚拟现实是所谓最后的媒介。我在这一行待了这么久的原因之一，不仅仅是不想身无分文，流落街头，还包括认为虚拟现实相当于原子弹，它可能是我的第三人生。

约翰·布赫：　你谈到了故事和叙事在虚拟现实中的一些用途，那能聊聊虚拟现实故事的历史吗？更重要的是，你觉得未来人们会怎样把故事搬运到虚拟现实中？

拉里·罗森塔尔：　相较于"故事"这个词，我更喜欢用"叙事"。人们能理解的最简单的叙事形式就是《选择你自己的冒险》这本书。叙事始于纸质媒介。我们编号、订购，允许人们跳过序言，直奔情节。这些内容看起来只是浪费纸张。虽然这些书的目标读者是孩子们，但它们几乎是所有数字行业叙事的来源。我们必须放开注意力，必须让观众成为用户，成为与剧情相关联的主角。3D游戏已经涵盖了很多这方面的内容。毫无疑问，在我看来，那些与RPG游戏和3D游戏以及游戏之外的戏剧世界打交道的人，对叙事的演化更有兴趣。过去的经验教训很有用。有些人受到以人物为中心的想法的驱动，但后来发现这根本行不通。人人都想成为虚拟现实领域的皮克斯，但他们必须再次找到新的叙事方法。

约翰·布赫：　为什么以人物为中心的叙事方式在虚拟现实中的效果没有那么好呢？

拉里·罗森塔尔：　因为在虚拟现实中，人物不是主角，观众才是。换句话说，你是观众，你的影响力很大，你必须成为真正推动剧情的人，否则，你就只是在看动画片，在看别人表演。现在，也许在可预见的未来，有两件事需要考虑：ROI和ROE。几乎每个人都知道ROI是投资回报率，而我一直在用ROE来表示娱乐回报率。这就是为什么有些网络三维内容和多媒体都失败了，因为需要跨越的障碍太多，这破坏了娱乐性。

约翰·布赫： 仅以此为基础，你觉得为什么我们的文化变得如此渴望体验，而不仅仅是娱乐？

拉里·罗森塔尔： 我认为这两者在某些方面是相同的。我们正处在一个互动的时代。作为一种文化，互动已经从耳濡目染转向了手眼并用。20世纪80年代，人们发明了遥控器，用来控制媒介。我们有500个频道，却什么都没播。现在我们的生活改变了，从必须坐在电视机前看电视，耳听目看，到可以互动。如果不能控制媒介，人们会感到焦虑。我认为头盔将会是最短命的媒介化设备。我们会在十年内进入芯片时代。现在，联网、加速因子、麦克卢汉（McLuhan）的媒介理论，所有这些都开始发挥作用，甚至连孩子们也会有芯片。

2）虚拟现实叙事中的灯光
保罗·德贝维奇，谷歌虚拟现实高级工程师

保罗·德贝维奇（Paul Debevec）曾担任南加州大学创意技术研究所的首席视觉官，并领导图形实验室。他是南加州大学计算机科学系的研究教授，1992年在密歇根大学获得数学和计算机工程学位，1996年在加州大学伯克利分校获得计算机科学博士学位。他在1997年拍摄的电影短片《钟楼电影》（*The Campanile Movie*）中导演了一场逼真的伯克利校园飞行。1999年奥斯卡金像奖获奖电影《黑客帝国》中"子弹时间"（bullet time）的虚拟背景也是基于此项技术改进而来的。

在南加州大学创意技术研究所，德贝维奇开发了几个灯光舞台系统，这些系统捕捉并模拟真实世界中灯光下人和物体的样子。早期的灯光舞台系统工艺已被索尼图形图像运作公司、维塔数码和数字领域公司使用，在《蜘蛛侠2》（*Spider-Man 2*）、《金刚》（*King Kong*）、《超人归来》（*Superman Returns*）、《蜘蛛侠3》、《汉考克》（*Hancock*）以及《本杰明·巴顿奇事》（*The Curious Case of Benjamin Button*）等电影的视觉效果中创造了逼真的数字演员。基于偏振梯度照明的最新灯光舞台系统工艺已经在许多电影中被使用，包括《阿凡达》（*Avatar*）、《复仇者联盟》、《遗落战境》（*Oblivion*）、《安德的游戏》（*Ender's Game*）、《地心引力》和《沉睡魔咒》（*Maleficent*）。2010年2月，德贝维奇因设计和开发灯光舞台系统捕捉设备以及基于图像的面部渲染系统而荣获科学与工程学院奖。他是谷歌虚拟现实的资深主任工程师，最近与史密森学会

（the Smithsonian Institution）合作，扫描了贝拉克·奥巴马总统的 3D 模型。

约翰·布赫： 你能谈谈你将人性带到数字创作中的哲学吗？这似乎是你的价值观。

保罗·德贝维奇： 我在加州大学伯克利分校读研究生时，非常认真地研究了计算机图形学。当时，我们并不知道如何制作逼真的数字人脸。这显然是这个领域的"圣杯"。我甚至不知道是否有可能实现。我最初的工作实际上更多地与建筑、灯光和数码摄影有关，那是我自认为能够发挥才能的地方。首个灯光舞台系统能将其他环境中的灯光复制到人脸上。随着人脸被纳入研究成为可能，我很快就意识到了数字人脸的巨大影响力。

另一部分是来自电影制作的灵感。早在 20 世纪 90 年代，那是一个秋天，我努力做研究，想要在计算机图形图像特别兴趣小组年会上发表一篇论文。论文于 1 月截稿，而计算机动画节的截止日期通常是 4 月，所以我有几个月的时间来尝试使用这项技术制作计算机动画短片，然后在年会的电影展示中放映，并在创意工作和技术之间搞一些有效的媒体营销。

我在 1997 年制作了电影《钟楼电影》，在 1999 年制作了电影《自然光渲染》（*Render of Natural Light*）。我真的很享受制作电影的过程，但我意识到我的电影里没有任何人物。它们只是关于建筑和照明的电影。你可以用这种方式制作一个有趣的两分半钟的抽象短片，但也就仅此而已。如果较真的话，《钟楼电影》里确实有一个人，但那是真人实拍片段。我们在尝试创造一个真实的数字人脸时遇到了与画家们在 13 世纪、14 世纪和 15 世纪遇到的一样的问题：人物怎样才能栩栩如生？

约翰·布赫： 在你的 TED 演讲中，我们在屏幕上看到了数字埃米莉（digital Emily）。很难说她是真人还是计算机图形。你相信我们正在接近一个时代，在这个时代，我们将能够创造数字演员，并且能够在电影和故事中消除人类的存在吗？

保罗·德贝维奇： 这是一个很好的问题。在灯光舞台上，有时候演员会问："这个灯光舞台系统这么好用，我们是不是不用再表演了？或者不再需要我们了？"一个角色在电影或电子游戏中之所以能展示出情感上引人入胜的表演，是因为一个真实的演员首先贡献了引人入胜的表演，然后我们通过表演捕捉技术，将其表演映射到了数字演员身上。有几个利用关键帧动画技术进行表演创作的例子。例如，我们利用佩珀尔幻象技术让迈克尔·杰克逊在公告牌音乐颁奖典礼上演唱了一首歌。在这个项目里，我们的灯光舞台系统贡献了力量。动画部分不是我们做的。我们见了动画师，实际上他们参考了迈克尔·杰克逊大量真实的表演，然后在此基础上完成了演出。这场演出被完美地记录了下来，所以在某种意义上，这就是迈克尔·杰克逊的演出，或者是基于他的表演而创作的演出。很多有才华的动画师参与了这一项目，他们用惊为天人的技术精心制作了这场演出，所以从这个意义上讲，这些动画师就是演员，是这场演出中的人物元素。

你如果去看皮克斯或迪士尼的 3D 计算机动画，就会发现动画师为动画人物提供了非常吸引人的表演。在这些案例中，我们都没有排除人为因素。说到虚拟现实，问题的确变得有些不同。一旦有了头盔，你就可以看任何地方，你会感觉自己处在一个不同的世界中。那个世界里的人物是和你在一起的。因为你可以互动地环顾四周并探索场景，会感觉这是一种更具存在感的体验，所以对人物的反应和与其交谈的期望也会更高。

除非我们做的是远程呈现的场景，那里真的是另一个人。我希望虚拟现实能在这方面产生伟大的技术，然后我们必须找到一种方法让这个虚拟人参与互动。因此，实时且可信地做到这一点是目前的一个重要研究领域。我们可能需要几年才能做出惊人的东西。虚拟现实不仅仅是游戏，当然也不仅仅是电影，它将会推动人工智能技术的发展，并模拟有趣的人类行为。

约翰·布赫： 我很高兴你提到了佩珀尔幻象。如果回顾历史，人们长期以来一直尝试将虚拟存在呈现出来——我们必须讨论《星际迷航》中的全息甲板。你认为虚拟现实技术会走向一个摘下头盔、以更真实的方式体验虚拟现实的时代吗？

保罗·德贝维奇： 全息甲板，对于我们很多研究人员来说，都是我们在创造虚拟环境和生成《星际迷航》中的人物体验所需的内容创作技术时想要创造的东西的一个光辉榜样。那是一个非常合理的愿景，因为它的 3D 光场显示器确实令人惊叹，完全给人身处异地的感觉。我认为它就像洞穴系统，是早期的虚拟现实体验。你周围有六个投影屏幕，你必须戴上 3D 眼镜，那更像是一种类似于全息甲板的体验。

随着虚拟现实技术的复兴，包括屏幕分辨率的提高、环境中细节的增加，以及计算和显示的提速，观众感觉在转动头部时，画面能够做出实时反应。我认为头盔经过几次更新迭代后，将给予人类难以置信的体验。也许我们会说："全息甲板？为什么需要全息甲板？"你可以在虚拟现实中做到这一点，我不认为真的需要发明全息甲板所拥有的大规模 3D 光场显示器。

约翰·布赫：　你对希腊故事和古老的故事很感兴趣，做了一个关于帕台农神庙的作品。你认为我们必须记住的一些关于过去的关键事情是什么？在过去的几千年里，我们从故事中学到了什么？这对进入虚拟现实空间重要吗？

保罗·德贝维奇：我喜欢为虚拟现实创造内容。我们投入了大量精力去讨论什么是故事，什么是互动叙事，以及未来将如何讲述故事。我当然是相信虚拟现实体验的人。一般来说，人们会觉得自己就身处当下。当你有能力影响环境中的事件及周围的人物时，你就会觉得这是现在发生的事情，而不是很久以前发生的事情。所谓"从前""过去"，都是在讲述一个故事。故事是储存历史信息的方式，也是从历史中汲取经验教训的方式。也许我们应该把其中一些东西称为"交互体验"，以区别于单纯的"讲故事"。那是另一种全新的、神奇的东西，你会觉得它就发生在现在，你在这个世界里具有掌控力。我们才刚刚开始，至少在接下来的十年里，我很期待能在这个领域工作，因为我们将看到优秀的人做出杰出的作品。在这一点上，我甚至很难想象人们会在虚拟世界中找到些什么乐趣，做出多么具有吸引力的事情。

约翰·布赫：　你被称为"好莱坞的灯光大师"。能谈谈灯光在讲故事中的作用吗？

保罗·德贝维奇：我很荣幸在职业生涯中能与电影行业中的一些伟大的摄影师合作交流，学习他们的技巧。灯光对于营造场景的气氛和色彩空间宽广度的视觉效果是非常重要的，如饱和或不饱和，明暗的对比，硬光还是柔光。通过训练，我对光线的敏感度比一般人敏锐得多。但我还记得以前光线意识不强的时候，我是根据物体和物体的颜色来观察事物的。那时候我并没有意识到我实际上没有看到物体，而只是看到了它们反射的光。光照方式不同，光线也会随之发生显著的变化。

我发现光是一种直接与潜意识体验交流的方式。看看 Instagram 的例子吧，它现在是一家价值数十亿美元的公司。成立初期，它只是用手机拍张照片，然后改变颜色和对比度，让照片看起来像 20 世纪 60 年代的宝丽来。这完全改变了人们与光的情感关系。这一点足以支撑这家公司，让他们广受欢迎。Instagram 现在业务更广，但它就是从这个简单想法开始的。我期待看到电影摄影在虚拟现实世界中的意义。我希望能和一些人一起工作，亲自在空间中进行实验。

约翰·布赫：　如果我不请你分享一些你在白宫做的项目，就是与奥巴马总统合作的经历，那将是我的失职。你能谈谈在你非常广阔的业务范围中，那个项目是怎样获得成功的吗？

保罗·德贝维奇：那是一个极其令人兴奋的项目，也很伤脑筋。对我们来说，这基本上就像是在打一场非常重要的客场比赛，因为我们习惯邀请客人来我们在洛杉矶的灯光舞台，来到我们自己的空间。如果出了什么问题，所有的设计人员都在身边，能够及时调整。我们在白宫所做的 3D 扫描，是应了不起的史密森学会三维数字化办公室的邀请而做的。我们建立了长期的合作关系。在看过我的一些报告后，他们决定使用我们的技术对奥巴马的面部、双耳之间、头顶一直到脖子，以当时最高水平的技术完成 3D 扫描。我们为这个项目量身订做了一套系统，把它带到白宫进行扫描，但时间非常有限。如果给大牌演员做扫描，我们至少要花 1 小时完成，而对于奥巴马总统，我们必须确保在短短几分钟内完成工作。最棒的事情之一是，我们的工作进展得非常快，史密森学会的人也很快用他们的系统得到了 3D 打印半身像的后脑勺和肩膀，以至于有大约 10 分钟的剩余时间，总统先生和我们闲逛，谈论技术。这是非常特别的时刻。我很高兴那天的技术工作完成得相当完美。在所有人都离开后，我们才意识到真的完成了任务，异常兴奋。

约翰·布赫： 在一个完美的世界里，你对虚拟现实的最终目标或梦想是什么？

保罗·德贝维奇： 我认为虚拟现实技术和我一直在努力开发的内容创作技术可以提高人们的交流和叙事能力。虚拟现实能让每个人，无论他想向世界展示什么、告诉世界什么，都尽可能真实地交流，能让环境和人物尽可能充实。我们能够与一小群合作者做一些关键的创造性的事情，从而制作出《阿凡达》那样的史诗级体验。

3）案例研究:《露西》虚拟现实系列
马特·汤普森，编剧和导演

马特·汤普森创作了《露西》虚拟现实系列，以此对生活中最大的问题进行探索。我们为什么存在？死后会发生什么？汤普森说："'来世'的想法和从死亡开始的故事对我来说真的很有趣。我对灵性特别感兴趣，对我来说，灵性故事是一切故事的开始。"

汤普森幼年失怙，受此影响，有一段时间，他在作品中探索了"失去"这一主题。通过《露西》系列，他希望探索父亲进入死亡的过程。虚拟现实为探索这一主题提供了一种新媒介。

"虚拟现实不是一部新电影，它不过是一种新媒介。关于来生，有很多故事，很多叙事，但人们从来没有机会走进来生，并对其进行冥想。这就是我想做的。"汤普森说。

《露西》的剧本不断发展，随着虚拟空间中的不同场景的变化而变化。每个场景中的对白大致相同，但拍摄过程中不断呈现出新的挑战和机遇。汤普森将虚拟现实计算机图像和两个真人表演的场景结合在一起，在一页纸上用五个圆圈代表观众在每个场景中的不同角度，以构思故事。

为使设备远离镜头，他在制作过程中使用了实用灯光和隐藏麦克风。"我们为团队的摄影师马特创造了'DPP'这个术语，即泛光摄影导演。我们有意采用一种理念，即这不是虚拟电影，而是虚拟现实。"汤普森说，"这在很大程度上取决于环境。当我走进这个房间时，我会对你产生某种感觉，不是因为光线如何，虽然光线很有帮助，而是因为我了解你所在的环境。这就是我创造环境和世界的出发点。"

因为《露西》是关于失去身体的主角的第一人称体验，所以汤普森决定将摄影机想象成一个容器。他说："如果人们把某种东西戴在身上，的确可以四处看，可以全知全能，可以看着别人，但我不认为这有什么意义。"

汤普森表示，从逻辑上讲，节奏和韵律是很难控制的元素。在后期制作过程中，某些剪辑技术的缺失，迫使摄制组从不同角度思考如何构建故事节奏。音频成为这一过程中的驱动力。音频团队为 Oculus 平台上的观众开发了空间混音，并为应用基础系统的观众开发了标准的立体声混音。

未来的系列将会探索世界不同地方的人的死亡经历，探索他们的文化、宗教或精神信仰。正在进行的主题将研究地球如何把所谓"来世"当作一个整体。汤普森说："当你可以在现世体验来生时，我认为你不仅能获得一种真正的视角，而且能有很真切的感受。"

汤普森仍然专注于虚拟现实空间中的简单叙事，而不是围绕这个媒介制作内容。他说："我认为，如果我能专注于制作真正引人注目的内容，世界上杰出的工程师将会继续使技术变得更好、更容易。"

4）虚拟现实叙事中的掌控力
布赖恩·罗斯，谷歌虚拟现实团队的社区和拓展部经理

布赖恩·罗斯（Brian Rose）曾担任 Niantic 的社区和拓展经理。该公司开发了增强现实手机应用游戏 Ingress 和《口袋妖怪 Go》。他目前在谷歌虚拟现实团队的社区和拓展部从事 Project Tango 等增强现实项目，以及 Daydream 等虚拟现实项目的开发。

约翰·布赫： 让我们来谈谈与虚拟现实相关的更为哲学的观点，其中一个是掌控力的概念。我注意到谷歌在赋予人们掌控力这一点上一直处于领先地位，特别是像 Tilt Brush 这样的项目。你能谈谈你和团队在为最终用户设计产品时是如何处理掌控力的吗？

布赖恩·罗斯： 谷歌的虚拟现实团队正在做很多不同的项目。在 YouTube 上，我们有"聚光灯故事"（Spotlight Stories）之类的项目。它的一个成果就是分支故事线。在普通的谷歌纸板眼镜或其他 360 度眼镜中，观众只能在固定位置环顾四周。但许多创作者要求有互动，某种基于观看或凝视的互动。我们与阿德曼工作室一起制作了动画，这个作品有 45 条分支故事线。在玩我很喜欢的叙事游戏，如《奇异人生》（Life Is Strange）或者读《选择你自己的冒险》的过程中，我会收获很多乐趣，但最后总是感觉它归结出二进制（a）或（b）路径。每当我到达终点时，我不知道自己是否真的对可以选择"我是拯救这个城市，还是拯救我的朋友"感到满意。

正因为如此，我们决定在"聚光灯故事"中把视频的开头和结尾设置成相同的，但关于如何抵达终点，或者途中遇到的子情节或子故事（这些东西是不同的，且随时都可能发生变化；我看的时候和你看的时候，可能是不同的），每个人则都有差异。总体来看，我们的开头和结尾都是一样的，我们有某种程度的共同体验，但到达那里可能要通过不同的路径。

我确信掌控力很重要。我们创作了《车载歌行》（Pearl），之前讨论过是否制作可以在电视或电脑上观看的 2D 版本，或者可以在 YouTube 播放器上观看 360 度移动虚拟现实。但戴着 HTC Vive，你会获得更大的掌控力。你真的可以在汽车周围走动，或者在小女孩从天窗跳出来抓萤火虫的时候站起来。这种掌控力带来了一些强烈的、让人情绪激动的时刻。

这与我所说的幽灵故事是有区别的。在幽灵故事里，角色不知道"我"其实在那儿，和他在一起。在第一种类型中，"我"在本质上是故事中的幽灵，只是被动地看着事情发生，而不是真正与故事中的角色互动，或影响环境，影响体验中的其他角色。但这两条路都是我们一直在探索的。

我们在虚拟现实中做了很多事情。每件事我们都尝试做一点，看看哪些可行、哪些不可行，也看看什么对特定的平台有效。移动虚拟现实的一些限制，在桌面虚拟现实中是没有的。比如说，HTC Vive 给了我们手动控制器之类的东西，而纸板眼镜却没有。能够使用手动控制器、能够利用房间的规模，并找到将这些融入故事中的自然的方式，是我们与谷歌虚拟现实团队合作的部分内容。在这一点上，我不会说什么方法是正确的，什么方法是错误的。有些东西在特定的平台上效果更好。因为虚拟现实内容非常广泛，所以我们最终什么都得尝试一下。

约翰·布赫：当你和你的团队着眼于设计体验时，什么时候会出现关于"这个角色"或"这个冲突"的叙事元素？你能谈谈关于叙事元素设计体验的对话吗？

布赖恩·罗斯：我们所做的很大一部分工作是创造工具，让创作者能讲故事，确保故事尽可能抵达更多的观众。我们的团队中有这样的想法，即如果我们要创建平台，就要提供高质量的内容，从而向人们展示"这是我们正在寻找的东西"或者"这是我们认为能在这个平台上实现的事情"。为此,我们在纽约有一个团队正在开发内容。杰茜卡·布里尔哈特是我们团队的首席电影制作人,她可以更深入地谈论她在虚拟现实叙事方面的观点或方向。

在谷歌虚拟现实团队中,我们主要关注的是技术层面,而不是告诉创作者"该如何创作内容"。但我要说的是,硬件本身并不是最重要的,尽管我们努力将移动虚拟现实带给广大的纸板眼镜用户,也努力为 Daydream 带来更高质量的移动虚拟现实,但是故事仍然是其中的关键部分。我们尽己所能与虚拟现实社区合作,以找出内容创作者需要的但还未被发明的工具。如果有,请让我们的团队知道,我们将努力将它们,如分支故事线、手控互动、目光互动等纳入平台。虚拟现实叙事非常重要。有丰富的例子证明,你可以用虚拟现实做伟大的东西,但这一切归根结底是为了创作引人入胜的沉浸式故事。这也是我们投入巨大心血建设虚拟现实社区的原因。

5)虚拟现实叙事的未来
特德·希洛维茨,20世纪福克斯电影公司的未来学家

特德·希洛维茨(Ted Schilowitz)是红色数字影院(RED Digital Cinema)的创始成员、第一位员工,也是产品开发团队不可或缺的成员。目前,他主要致力于电影体验的未来研究。他在20世纪福克斯电影公司担任未来学家,直接与该公司的高层领导合作,研究数字时代电影创作中不断发展的艺术和科学。他为下一代电影娱乐行业的未来技术和愿景提供建议并制定策略。他曾在《连线》、《综艺》、《纽约时报》、《华尔街日报》、《好莱坞记者报》、美国全国广播公司、《美国电影摄影师》、《大众科学》、《洛杉矶时报》以及其他行业的出版物和主流媒体上发表文章,讨论他所热爱和探索的领域的技术进步。

约翰·布赫:　　我想先从宏观层面谈谈虚拟现实。为什么是现在?为什么我们在应用虚拟现实的过程中突然遇到了突破点?这与叙事有什么关系?

特德·希洛维茨:我经常思考这个问题,想了很多可能的答案。这要远远超过我对原始技术本身的思考。我思考了人性。与过去几代人相比,我们与技术的接触更多,关系更紧密。环顾世界,看看有多少人手握由米粒大小的硅片制成的手机，用它来做各种事情。一天有 8 到 10 小时离不开手机，对吗？或者更长时间。孩子们玩手机的时间可能更长。问题是，我们的社会是否已经准备好迎接可视化体验的下一步，迎接比手机内容更强烈、更现代的体验？我们可能已经准备好了。

约翰·布赫： 也许是一种比我们目前在互联网上获得的更加具身化的体验？

特德·希洛维茨： 当我们谈到技术发展和技术使用情况时，就产生了广泛的讨论。我相信你已经跟很多人讨论过虚拟现实到底是什么。是什么让我们产生一种存在感，让我们意识到我们的视觉系统、大脑、边缘系统和身体真的跟那个世界产生了联系？当这一切发生时，你已经进入了《头号玩家》的隐喻世界。

继而我们也就进入了关于反乌托邦或乌托邦世界的有趣讨论。我想说的是，我认为这是一个相当流行的观点，即人类倾向于找到一种方式，朝一个乌托邦式的未来而非反乌托邦式的未来慢慢靠近。工具变得越强大，反乌托邦的部分就可能变得越壮大，越有意义。最终我们会进入有趣的伦理讨论，即关于新的娱乐形式或沟通形式与身体各个系统建立连接的讨论。这会发生吗？答案是肯定的，我每天都能看到连接点。

距我第一次在虚拟现实中唱卡拉 OK 已经一年了。我真的站在虚拟人群面前，像在真正的卡拉 OK 酒吧一样唱歌，但这是虚拟的。我的大脑被欺骗了，但我还会感到一样的紧张、不安和焦虑。我做过一个虚拟现实脱口秀。我和一群人站在虚拟舞台上，就像在真实世界里一样与他们互动。从本质上讲，我们当时都是虚拟替身，但是会发生变化，这与空间有关。这实际上是我们可能想要讨论的一个重要问题。在虚拟现实和增强现实中，我们所说的真实空间感与平面媒介或之前所有媒介体验有着根本性的不同。我认为关于这一点的讨论还远远不够。

约翰·布赫： 我很想谈谈这个问题。

特德·希洛维茨： 我们现在看到的是，头戴式显示器在包围视觉体验和激发视觉皮层方面做得非常好。虚拟现实会比屏幕激活更多的脑细胞，你会感觉更加可信。我们现在已经开始进行"解方程式"的第一步了，也就是说手在虚拟现实中出现了，但仍然是用控制器控制的手。这是一个传统的手段，来自电子游戏。我们还在点击按钮。

当你从未来主义者的角度思考问题时就会发现，虚拟现实真正开始的地方是我们称之为"幽灵之手"的东西，也就是你实际上并没有使用物理设备。传感器很好用，可以追踪你的行为。如果我在虚拟面板前准备进行科幻冒险，我就会用像《少数派报告》中那样的浮空手势移动双手。如果我要玩射击游戏《激进射手》（*Active Shooter*），那我就不需要用游戏手柄，而是使用一个实体道具，并在空间中追踪道具。这个道具就像一把真枪，射击的感觉也非常真实。

约翰·布赫：　如果你有一台 3D 打印机，就可以轻松地制作这些道具。

特德·希洛维茨：　现在很多公司都在这么做，已经不稀奇了。这时，我就会问："为什么是现在？"是所有这一切促成突破点在此时出现的。我们谈到了人性，也应该谈谈这样一个事实，即你可以行动起来创造出梦想的东西，而不需要花费太多或使用怪异的工具。

现在，进行"解方程式"的第二步。你做出选择，要在身上佩戴足够多的传感器，即我们所说的全身装备。我与许多公司密切合作，也一直在探索。同样地，这并没有那么特别。你说的是动作捕捉追踪系统和佩戴小球追踪器。这些数据球就像表演捕捉设备一样简单。当你在身上佩戴了足够多的小球时，你就会有一种"我可以在虚拟现实中看到自己的身体"的感觉。仔细想想，我们在娱乐界一直用的就是这些魔术。我们正在创造幻觉。融入幻觉创造系统的技术越多，就越有机会真正征服人们。这跟去看魔术表演没什么区别。那些了不起的魔术大师，会完全赢得你的信任。你会挠着头说："他们到底是怎么做到的？"在虚拟现实中，我也有过那样的时刻，几乎完成了幻觉的创作。即使是作为这一行业的从业者，我也没能幸免。其实我自己就是一个魔术师。"哇，看看我做了什么。我从这里开始，在那里结束。"从历史上看，如果想借鉴经验的话，几代以来，创造主题公园的人其实就是这种做法的实践者。

我经常开玩笑说，现在我们能把主题公园戴在脸上了。如今我们可以把它放在随身行李里、客厅里、餐厅里或游戏室里，而以前则必须去主题公园才能获得真实体验。你可以体验模拟骑行。现在，技术正在把它与家庭、移动设备，或者你想要体验的任何地方相结合，这才是真正的力量。之前你说，"我只能在一个特别的地方做这件事"，现在已经发展到可以在一个半特别的地方做这件事了。

约翰·布赫：　你提到了主题公园和观看体验，当然还有游戏。让我们讨论一下所有这些体验中的叙事元素。我们正在将虚拟现实中的游戏世界、主题公园世界、电影世界和电视世界融入虚拟现实中。你能谈谈这个空间中的叙事元素吗？

特德·希洛维茨：　没问题。对于这个问题，我的着眼点与他人略有不同。我的关注点有些不一样。人们为什么喜欢看电影？为什么喜欢玩游戏？这其中有什么异同？对我来说，这很有趣。你正在看屏幕上播放的东西，这就是吸引力，即使你知道这种吸引力是被表达、被创造出来的。当你第一次观看时，只是比我们所说的现实晚了那么一小步，这就是人类最感兴趣的地方。故事在我们面前上演，我们不知道下一刻会发生什么。现在，我可以根据过去5秒钟、5分钟、30分钟、1小时的情况，对下一刻可能发生的事情做出各种各样的预测。当它向左或向右急转弯时，我一时没想明白，直到大脑赶上来，才明白为什么会发生这种情况。对我来说，这就是电影的魔力。

我们可以谈谈为什么结局反转如此重要，为什么恐怖题材如此受欢迎，为什么动作冒险片如此成功。因为即使你能预料到结果，他们也会给你一个大反转。那就是"哦！你抓住了我"的时刻，这就是讲故事。你站在剃刀边缘，认为自己知道会发生什么，但又似是而非，这就是现实生活，或者说是现实生活的镜子。

我们知道，大脑中受到这种被动娱乐刺激的部分已经替我们做出了选择。实际上，我们不需要再做任何选择，只需要随着故事的发展去观看，大脑便会沿着这条路徘徊。大脑的另一部分在决策过程中发挥作用，这是娱乐中更活跃的部分。看看谁喜欢游戏，谁喜欢被动娱乐，以及为什么多数人不会对两者同时保持热情。这是因为那些喜欢在娱乐时做出决定的人，会倾向于交互性的娱乐。他们转向主机游戏、PC游戏和手机游戏，想成为命运的积极参与者。

约翰·布赫：　　　　他们想要掌控力。

特德·希洛维茨：　对，他们想要掌控力。掌控力在虚拟现实中经常被误用，就像"好吧，你有掌控力"。如果设计师不精心制作的话，你就不会有真正的掌控力。有时出现的是一种伪掌控力。

约翰·布赫：　　　　还有整体掌控力和局部掌控力，以及所有与此相关的想法。

特德·希洛维茨：　我认为这是一个思考世界的超级有趣的方式。有意思的是，不同年龄段的人会做出不同的选择。孩子在疲惫一天之后，想要通过游戏体验来娱乐，而大人想要通过被动体验来娱乐。我对此有个尚未被证实的理论。

约翰·布赫：　　　　我很想听听你的理论。

特德·希洛维茨：　我的理论是，一个孩子，从早上醒来到晚上回家，不会一直被要求做决定。在学校有人为你制定教育课程，你要听老师的话，一直如此。注意，学校会发布教学计划，而你没有太多掌控力。在更有创意的学校里，也许你会有更多的掌控力。我想这就是为什么那些从学校出来的孩子想要更多互动，以及学校会要求学生更多地自己做决定。即便如此，结局也往往已经确定，就像"是的，我们想给你一种错觉，让你觉得是你自己在做这件事，你会得出自己的结论。但最终，作为教育者，我们知道结论已定"。

孩子不需要在早上起床后的 8 小时内做很多决定，直到晚上回到家。他们之所以想要玩游戏，更多的是因为他们是游戏世界里的主宰。他们想要掌控力，因为从早上 8 点到下午 5 点半他们始终没能做什么决定。妈妈把饭菜摆在桌上，我不能挑。如果不吃，我就得上楼回房间。所以，当有机会的时候，我想进入《使命召唤》（Call of Duty）的世界，我想进入《侠盗猎车手》的世界，我想进入《反恐精英：全球攻势》（CS Go）的世界。我想玩这些游戏，因为现在我可以自己做决定了。我可以隐藏或射击，在某方面取得进步，以某种方式和朋友一起活动。大脑中一个完全不同的部分被激活了。

相反地，成年人一整天都要作各种决定。这些决定会影响其他人，影响工作，影响工资。在一天结束的时候，成年人想要被动娱乐，不想再做任何决定。这就是为什么游戏，特别是主机游戏、PC 游戏对那些需要整天做决定的人来说没什么吸引力。他们现在想要关闭大脑的这一部分。孩子们想在一天结束的时候打开大脑的这部分，而成年人大多想把它关掉。现在，我想说，冲突出现了。我们看到新一代的孩子已经在"我不能在这里做决定，但我可以在那里做决定"的世界中长大，以一种不同的方式融合了这两个世界，以一种不同的方式娱乐着自己。他们觉得坐办公室的图景并没有什么吸引力。他们想在世界各地活动，在做任何事情时都想要有掌控力。在一天结束的时候，他们想要主题公园式的娱乐，而不是被动娱乐。

约翰·布赫： 我认为这引出了关于存在感的讨论，因为在电影院里，那是一种被动体验。我们在关掉灯的时候，连自己都看不到了，毫无存在感可言。

特德·希洛维茨： 邻座制造的噪声打扰到你，是因为这很不幸地开启了你大脑的决策程序。黑暗的剧院里有手机屏幕在发光，你需要作出决定：是告诉那个人关掉手机，还是试着忽略那道光？这会让你脱离被动娱乐。

约翰·布赫： 大家都想在虚拟现实空间中获得最深刻的存在感和沉浸感，但也有人会说："我们实际上是在努力走向增强现实的世界，而不是走出现实世界。"当我们转向增强现实时，存在感会发生变化，因为我们还在这里，拥有存在感。你认为我们将如何处理增强现实中的存在感？

特德·希洛维茨： 我在做很多有关虚拟现实和增强现实的工作。实际上，我认为这是两种不同的艺术形式。虚拟现实实际上是在创造宇宙，试图包含尽可能多的真实世界，并把人带到那个世界中，是想让我们相信已经离开了现实世界的一种魔术。增强现实则是世界的混合体——屏幕上玩游戏的世界和真实的世界同时出现在我的身边。我得多做任务。当我开始把它戴在脸上时，情况就变了。未来如果我们戴着某种增强现实眼镜，即使没时间去另一个世界而只有 5 ~ 7 分钟的时间，我们也能在附近停车场杀死一些外星人。无须离开我的（真实）世界来增强这个世界（的真实性），这很有趣。微软 HoloLens 在做这件事，Magic Leap 的朋友也在做这件事。有很多公司开始把增强现实当作一种娱乐形式。我认为它非常强大，实际上与虚拟现实截然不同，它们几乎有两种不同的艺术追求。

约翰·布赫：　从讲故事的角度来看，游戏是如何融入虚拟现实和增强现实的？

特德·希洛维茨：　游戏是另一种讲述故事的方式。每个人都玩过《吃豆人》（Pac Man）。无论你年纪多大，在某个时间点，你肯定玩过《吃豆人》。《吃豆人》的玩家具有掌控力。《吃豆人》中有一个设备可以供你做出选择，并且你要逃离幽灵。这是一个简单的隐喻，讲述了一个故事。你得从幽灵手中逃脱，躲起来，吃点东西，然后进入人生的下一个阶段。这就是一个故事。

约翰·布赫：　这真的是一个故事。

特德·希洛维茨：　是故事，对吧？在最基本的理解层面，我只是告诉你一个小故事。好吧，这里有个故事，你将成为这种生物，必须找到一种生存的方法，幽灵会追你。这当然是个故事。《太空侵略者》（Space Invaders）讲了一个故事，《大蜜蜂》（Galaga）也讲了一个故事。

约翰·布赫：　《吃豆人》就像是人类最古老的故事，我要去寻找食物，要摆脱幽灵的纠缠。这就像穴居人的故事一样。

特德·希洛维茨：　这也是现代的叙事。在虚拟现实中，我发现真正有趣的是电影类型的故事和每一个我们提到的游戏互动故事的交叉点。有了虚拟现实和增强现实，你可以把这两个领域结合起来。任何游戏玩家都知道过场动画或电影画面是什么。在很长一段时间里，你会以不同的忠实度体验游戏，然后当你进入过场动画时，真实度就会上升。你什么都做不了，只能看着，控制器也不好用。这只是一种效果，但它推动着故事向前发展。这里总会有些奇怪的断点。如果你正在游戏中行动并正要作决定，突然有两分钟，你什么决定都做不了，大脑两边会发生冲突。如果用被动叙事打断主动叙事，那么讲故事就很难了。

然而，一旦我把你带入虚拟现实，你就能将内容和形式以一种更加灵活有效的方式融合。我可以用故事元素抓住你，而不必把你从互动中拉走。我可以让一个角色对你说话，给你讲故事，用一些方法激励你，这是主机游戏很难做到的。在虚拟现实中，这天生契合，因为它要求你创造现实。舞台效果。魔法。这种

约翰·布赫：	为了更好地讲故事，我们在虚拟现实领域需要克服哪些巨大的挑战？
特德·希洛维茨：	要让讲故事的人尽快理解这是一种新媒介，一种讲故事的新方式。我会纠正自己的说法。虚拟现实并非全新的媒介。我反思了主题公园的世界。沃尔特·迪士尼（Walt Disney）在拍电影时看到了什么？想到了什么？他意识到了他能做的不仅仅是拍电影，还能将人类带入一个世界。这个世界实际上就是他后来创建的实体主题公园。这一切都是创造者的世界。从走进那扇门开始，当你沿着主街进入边域世界、探险世界或未来世界时，你会感受到他所创造的具有空间感的娱乐体验让你身陷其中。迪士尼和他的想象团队意识到，你可以打破界限。这个幻觉不仅仅是一个屏幕，而且是当你进入这个环境时发生的每一件事。现在我们可以人为地做到这一点，可以在虚拟现实中创造新环境。这能让我们更好地创作故事。

6）总结：梦想家们的洞察力

不管是在什么学科或媒介中，那些着眼于未来的人都非常可贵。他们在实验风暴中扮演灯塔的角色，试图超越已知的可能，并着眼于不可能。我们需要他们的前瞻性思维并将其作为超越我们已知的可能以及去寻找可能的东西的方向和指引。任何在虚拟现实世界构建领域的人都可能产生这样的远见，然而总会有领导者出现，为未来指明方向。拉里·罗森塔尔将构建世界比作我们与自然的关系，说这只是一种媒介化。马特·汤普森的虚拟现实体验《露西》，提供了媒介化的、富有可能性的"来世"体验。保罗·德贝维奇的作品同样为观众创造了一种媒介化体验，旨在使这种媒介化尽可能透明。

克里斯·米尔克在第 5 章中提到了分支叙事，并将其作为未来虚拟现实叙事的一个重要概念。布赖恩·罗斯用类似的语言表达了相同的想法。谷歌团队继续寻找方法，探索在当前技术范围内将社交虚拟现实与分支叙事相结合的潜力。虽然一些限制性条件在某种程度上阻碍了目前处理技术的发展，但创作者们相信障碍不会永远存在。他们希望工程师和科学家能够解决技术问题，从而可以讲述更复杂的故事，给予观众更多的掌控力。罗森塔尔相信，游戏社区在分支叙事方面取得的进展可能会为早期的虚拟现实工作提供参考。这也提醒我们，在推动虚拟现实技术和方法方面，很有必要与沉浸式社区相关的人群合作。

　　特德·希洛维茨说，人类会找到向乌托邦而非反乌托邦慢慢靠近的方式。工具变得越强大，反乌托邦的部分也就越有可能变得强大。在技术把我们迅速带入从未梦想过的未知领域的时候，第5章关于伦理的章节就再重要不过了。当讲故事的媒介变得更加透明且与现实难以区分时，我们要告诉自己，关于"我们是谁"以及"我们可能成为谁"的故事将变得更加重要。技术必须推动向善、共情和人性。如果不这样做，就会导致情感空虚，并且会使我们在人生旅程中所渴求的最重要的品质，如人生的意义，消耗殆尽。虚拟现实为我们提供了一种分享思想和经验的新方式，它是艺术家进行创作的新画布。德贝维奇认为，故事是储存历史信息的方式，包含从历史中汲取的经验教训，寓意深刻。我们在虚拟现实中创作的故事将从各个层面为后世后代记录我们是谁。

术语表

360 度视频

360 度视频是指把观众固定在一个点上，周围环绕着大约 360 度的视频。人们认为这种方法没有传统的虚拟现实那么具有沉浸感。在传统的虚拟现实中，观众实际上可以在已经被构建好的世界中移动。尽管同样经常被称为虚拟现实，但 360 度视频本身并不被视为虚拟现实。

加速度计

加速度计用于检测其所处设备（如手机、平板电脑或头戴式显示器）的方向。

掌控力

掌控力是指用户在虚拟现实、增强现实、混合现实体验中可以获得的交互能力。大多数开发者认为，用户 / 玩家享有的掌控力越大，沉浸程度就越高，体验的真实感就越强。

对立角色

对立角色是指主角的对手。一个设计合理的对手通常也想得到主角渴望的东西（如赢得比赛、得到工作、统治宇宙等），但他们追求相同目标的原因却截然不同。对立角色行事的理由虽不可抗拒但具有缺陷。

日神法

日神法指的是基于逻辑或理性思维的哲学思想。阿波罗是希腊神话中的理性之神。这种哲学常与酒神法相提并论，后者主要依靠本能或情感。

人工现实

人工现实是虚拟现实或用于描述交互沉浸式环境的另一术语。该术语来自迈伦·克鲁格于 1983 年出版的一本书。该书集中介绍了他在该领域的工作思路，最早可以追溯到 20 世纪 60 年代。

增强现实

增强现实与一个更大的概念——"媒介现实"（Mediated Reality）有关，旨在通过显示器或眼镜等硬件增强人们对当前所见事物的感知力，而不是像虚拟现实那样创造一种全新的体验。在增强现实中，用户周围的世界是交互式的，用户可以进行数字化操作。例如，它允许用户点击电影中演员穿的服装，然后购买同样的服装。

虚拟替身

虚拟替身是虚拟空间中计算机用户的数字表示。这个术语最初是指印度教诸神的许多不同的化身。

背景故事

背景故事指的是在故事开始前角色的生活中已经发生的事情。它们可以告知观众角色当下的心理、人生哲学和所经历的恐惧。

双耳音频

双耳音频使用的录音方法是通过至少两个麦克风为用户模拟真实的 3D 立体声体验。该技术考虑到了人的耳朵位于头部两侧的事实，能为用户创造身临其境的体验。

分支叙事

分支叙事指的是使用非线性故事结构，允许用户推动故事的发展。选项会被持续性地提供给用户，直到每个选项都被赋予一个结局，或者一连串选项最终引发与一系列其他选项相同的结局。许多用户将分支叙事与《选择你自己的冒险》系列小说联系在一起。

洞穴状自动虚拟环境

CAVE 是洞穴状自动虚拟环境的首字母缩写。它指的是一个虚拟现实剧场或环境。在该环境中，投影仪围绕一个房间大小的立方体进行投影。用户可以在该立方体中体验沉浸式环境。

角色弧线

角色弧线指的是主角在故事发展过程中的变化。在每个好的故事中，角色都会在故事结束时获得成长、发展，学到一些东西或认识某个真理。然而，我们必须记住，这些元素是角色心路历程的一部分，而不是像外部旅程那样可以让观众直观体验的东西。

酒神法

酒神法指的是基于本能或情感思维的哲学思想。狄俄尼索斯是希腊神话中非理性和混乱之神。这种哲学通常与日神法相提并论，后者主要依靠逻辑或理性。

冲突

需要增加冲突是一个故事可能遇到的最常见问题之一。虽然增加故事悬念的方法有很多种，但最有用的方法有三种，分别是：（1）挤压对立角色和主角之间的地理空间；（2）缩短主角实现目标所需的时间；（3）增加一个额外的角色以阻碍主角追求目标。

共情

共情是指理解和分享他人感受的能力。

能量

能量涉及种种不同的定义，具体取决于上下文或术语的使用。在沉浸式社区中，能量通常指用户、创造者和所创造的体验之间的感情、情绪或其他力量的传递。

外在目标

外在目标是主角花费大部分时间试图实现的目标。不管主角是否喜欢，这个目标都势在必行。这是驱动主角的东西。一部电影的结尾应该揭示主角是否实现了目标。有时候，当主角在故事中没有得到想要的东西，而是得到了需要的东西时，效果会更好。

视野

视野是指观众环视四周时所体验到的视觉深度。它通常指的是观众在任何一个时间点上其视野范围的度数。人的视野大约是200度。

设备

设备是指用于访问虚拟现实、增强现实、混合现实内容的特定软件和编码。目前领先的设备包括三星的 Gear VR、HTC Vive、Oculus Rift、谷歌的纸板眼镜和 Open VR。

手势

手势是指一种动作，通常是手或头部的动作，在虚拟空间中表达一种可操作的愿望。在当前的虚拟现实技术中，手势通常由控制器做出，并由传感器追踪。

整体掌控力

整体掌控力是指观众或玩家通过构建世界和影响其他观众或玩家的体验与潜在成功来影响整体叙事体验的能力。

惯性思维

惯性思维是指随着时间的推移，人们对相同刺激的心理反应或行为反应会逐渐减少。这种情况引起了虚拟现实创作者的关注，因为有证据表明，一旦体验不再新鲜，用户就不再以预期的方式做出反应。

触觉

触觉在不同技术领域的含义有细微的差别，在虚拟现实世界中指的是一种感官体验，比如触摸不存在的东西或实际正在发生的东西。触觉通常通过某种控制器来体验。

头戴式显示器

作为向用户提供虚拟现实体验的关键硬件，头戴式显示器通常是护目镜或头盔。一些头戴式显示器中有用于头部追踪的传感器，这使得观看体验中的图像可以被操纵以匹配头部的位置。

超媒介性

超媒介性是理论家博尔特和格鲁辛所定义的术语，指的是一种视觉表现形式，其目的是提醒观众注意媒介。它指的是用户在虚拟空间中对即时性的渴望。

即时性

即时性是理论家博尔特和格鲁辛所定义的术语，指的是消除符号者和被符号者之间的差距，从而使一个象征被认为是事物本身。即时性包括移除用户和体验之间的"屏幕"证据。

沉浸感

沉浸感是指用户在参与某一特定媒介时的深度精神参与。

诱发事件

诱发事件是故事开始的时刻，是主角意识到外在目标的时刻。我们可以把它看作"改变你生活的那通电话"。在诱发事件之后，主角的一切都应该有所变化。诱发事件迫使主角决定是否继续旅程。

交互性

交互性是指两件事共同发生，相互影响，并以某种方式回应对方。

界面

界面是指两个事物相互作用和交流的点，通常是人和计算机。虚拟现实中的界面指的是用户进入或浏览虚拟现实空间的门户。

内在目标

内在目标指的是角色拥有但可能永远不会告诉其他人的成就或意图。例如，寻找爱和被接受是角色的共同内在目标。这些目标不同于外在目标。外在目标通常会在故事中被明确说明，并且是可拍摄的。

内部叙事

内部叙事是指故事的叙述者完全在场，并参与到特定文本世界中的叙事。

反讽

反讽在电影叙事中是指故事结局以及外部叙事与内部叙事之间的关系。叙事有四种类型的结局：（1）积极的——主角得到了想要的和需要的；（2）积极反讽——主角得到了需要的，但没有得到想要的；（3）消极反讽——主角得到了想要的，但没有得到需要的；（4）消极的——主角既没有得到想要的，也没有得到需要的。

延迟

延迟是指用户在移动头部或眼睛时环境移动所发生的任何延迟。由于这在现实世界中从未发生过，所以当延迟发生时，观众通常会从沉浸式体验中走出来。

局部掌控力

局部掌控力指的是观众或玩家通过个人选择影响叙事体验的能力，如他可能使用什么武器或可能看向什么位置。

游戏学

游戏学指的是对游戏和（电子）游戏的研究。游戏学家认为故事只是游戏的一个子集，我们不应该主要从叙事的角度来分析游戏。

元叙事

元叙事指的是故事中的角色讲述的次要叙事。

混合现实

混合现实是指虚拟现实、增强现实原理和元素的结合。具有增强或控制景象元素能力的虚拟现实景象可被视为混合现实的一个例子。

多元宇宙

多元宇宙是指一组可能的虚拟宇宙。

叙事

叙事是指对相关事件的集合描述，可以是书面的，也可以是口头的。"叙事"通常与"故事"一词互换。

叙事学

叙事学是指对故事和讲故事的研究。叙事学认为游戏和其他类似媒介是故事的一个子集，因此主要采用叙事分析。

导航

导航是指空间中从一个地方到另一个地方的运动或移动。

视点

视点是指用户体验故事的视角。常见的视角包括第一人称视角和第三人称视角。在第一人称视角中，用户在虚拟空间中通过自己的眼睛进行体验。在第三人称视角中，用户作为观看者进行体验，但在空间中不被其他人注意。

触发点

触发点指的是空间或交互中的一个点。在这个点上，用户的存在或行动激发了预先设定的反应。

主角

主角指的是我们在故事中最感同身受的角色。他们通常是主要人物，有时被称为男主角或女主角，是整个故事得以展开和发展的角色。主角通常有一个非常具体的必须在故事过程中实现的外在目标，并且有一个需要解决的内在冲突。主角必须是一个能够在故事结束时做出可信、主动选择的人，以便向观众展示他们已经完成了角色弧线。

再媒介化

再媒介化是理论家博尔特和格鲁辛所定义的术语，指的是对先前媒介形式的致敬、竞争和重塑。例如，电影是对戏剧的一种再媒介化。一些人认为虚拟现实是对电影和电子游戏的再媒介化。

结局

结局揭示了主角一直试图解决的问题的答案，即他是否实现了外在目标。一个好的解决方案也会涉及故事发生的世界：当主角完成旅程后，现在的世界是否变得更好了？

反转

故事中发生了意想不到的事情就是反转。如果观众希望角色做出某个决定，而他却做了相反的选择，这个碎片就会显得特别有意思。反转也可以指随着故事的发展，主角和对立角色之间发生的命运变化。

社交虚拟现实

社交虚拟现实是指沉浸式虚拟体验。用户可以在其中互动，分享活动、想法、环境和媒介。

缝合

缝合是指后期制作的过程，通常但不完全是将来自多台摄影机的镜头组合起来，形成更大范围的持续沉浸式体验。例如，将来自多个 GoPro 摄影机的镜头拼接在一起，创建一个 360 度视频。

恐怖谷

恐怖谷指的是计算机生成的人物或人工智能具有与人类几乎相同的品质和行为，但在与之互动的人类中引起不适或排斥感的现象。

虚拟现实

虚拟现实是指整个计算机技术领域，其中环境、个人和体验被复制并呈现给用户交互。这个术语被广泛使用，含义丰富。然而，所有的概念似乎都围绕着通过技术创造出一种人工但又现实的体验这一理念。

虚拟现实设备

除了头戴式显示器，其他终端也可用于虚拟现实、增强现实、混合现实体验。当前的设备包括虚拟现实洞穴状虚拟系统、虚拟现实圆柱形虚拟系统和虚拟现实矩形平面虚拟系统。人们可以体验沉浸式内容的设备的数量和类型每年都在增长。